Sabine L. Schäfer &
Barbara R. Messik

B.A.R.F. Junior

Artgerechte Rohernährung für Welpen und Junghunde

Ein praktischer Ratgeber für Züchter und Welpenbesitzer

KYNOS VERLAG

»All unsere Gedanken kreisen um das Wohl
und die Gesunderhaltung unserer Hunde
und unser Bestreben nach dem Richtigen und dem Besten
ist allein das Ziel dieser Mission...«
Schäfer, Messika

Für unsere Liebsten
Mia
Alain
Ginger
Sven
Maxwell
Naomi
Reece
Carmen
Tyler

Für immer im Herzen
Anne & Lucy

Unser Dank gilt:
All denjenigen, die uns beim Schreiben dieses Buches unterstützt haben, sowie Dr. med. vet. Thorsten Pöhland für die Durchsicht unseres Skriptes wie seine Unterstützung in veterinärmedizinischen Fragen.

Fotos: Schäfer/Messika

Grafiken:
Seite 10: Lothar Rechtacek
Seiten 56 & 82: AMMIS – Agentur für Mediendesign und Marketing Iris Schmitt
www.ammis.de

5. Auflage 2014

Gedruckt in Lettland
ISBN 978-3-938071-46-5

Inhaltsverzeichnis

Vorwort

»Back to the roots« ist eine Richtung, die sich auf viele Bereiche des Lebens ausdehnt. Althergebrachtes Wissen, mal mehr, mal weniger wissenschaftlich untermauert, mit neuen, belegbaren Erkenntnissen der Forschung kombiniert kann zu einer Rückkehr zu einer verbesserten »guten, gesunden alten Zeit« führen.

Was im menschlichen Bereich der Nahrungsmittel Einzug gehalten und gute Resonanz erfahren hat, sollte auch bei der Ernährung unserer fleischfressenden Vierbeiner Berücksichtigung finden. So spricht aus tierärztlicher Sicht bislang nichts dagegen, sich für eine artgerechte Rohernährung unter Beachtung hygienisch und medizinisch relevanten Vorsichtsmaßnahmen zu entscheiden – im Gegenteil: Dies kann der Weg hinaus aus einer schulmedizinisch nicht adäquat behandelbaren Krankheit sein.

Es wird noch ein weiter Weg sein, die genauen Folgen einer derartigen Umstellung zu erforschen, doch ein stupides »Weiter so!« in die durch Fertigfutter mitverursachten Gesundheitsschäden (z. B. Allergien) kann auch nicht die Lösung sein.

Dieses Buch soll dem Leser eine Anleitung zur artgerechten Rohernährung geben und die Chancen aufzeigen, welche in einer verantwortungsvollen Umstellung auf diese Art der Fütterung liegen.

Dr. med. vet. Thorsten Pöhland
Saarbrücken im März 2008

Über die Autorinnen

Sabine L. Schäfer ist ausgebildete Verhaltenstherapeutin und Leiterin der verhaltenstherapeutischen Hundeschule »Mein Partner Hund« im Saarland. Zusammen mit Barbara R. Messika hat sie 2003 das Projekt »Der Grüne Hund« gegründet, um der Frage »artgerechte Rohernährung für Hunde« gründlicher nachzugehen.

Beide Autorinnen verfügen über eine mehrjährige praktische Erfahrung im Bereich der artgerechten Rohernährung und bieten nun – als Fortsetzung des 2005 erschienenen Buches **B.A.R.F. – Artgerechte Rohernährung für Hunde** – speziell Züchtern und Welpenbesitzern die Möglichkeit, diesen Schritt, zum Wohle ihrer Hunde, ohne Angst und Sorge von Anfang an zu wagen.

Einleitung

Kennen Sie das? Da schafft man sich so einen niedlichen Welpen an und prompt überkommt einen der Wunsch, alles richtig machen zu wollen. Von Anfang an!
Weil wir gerne einen Beitrag dazu leisten möchten, die Grundlagen für ein langes, gesundes und hundherum glückliches Hundeleben zu schaffen, haben wir dieses Buch zusammengestellt.

Die Ernährung des kleinen Vierbeiners ist dabei eins der wichtigsten Themen überhaupt, da die Gesundheit zu einem großen Teil von einem gesunden Magen-Darm-system abhängt.

Wer nicht nur aus Gründen der Abwechslung, sondern vor allem einer gesunden Hundeernährung wegen nach Alternativen zu Trockenfutter und täglichem Einerlei sucht, hat sich hiermit für das richtige Buch entschieden.

Sehen Sie sich nur einmal die herrlich bunten Verpackungen der Trockenfutter an – da wird mit süßen Welpen geworben, die kategorisiert werden in kleine und große Rassen, Riesenrassen, hellfellige Hunde, sportliche oder weniger aktive. Die Futter für Welpen und Junghunde sind unzählig und man blickt kaum mehr durch, welche Fütterungsweise nun die richtige sein soll. Worin sich die Futtersorten unterscheiden (außer in Aussehen, Verpackung und natürlich dem Preis), bleibt den meisten Käufern unklar, lesen sich doch die Inhalte fast gleich und außerdem sagen die meisten Begriffe einem sowieso nichts. Trotzdem muss man sich ja für eines entscheiden und der bewusste Hundeliebhaber wird meist eines der teureren Futtermittel wählen, da »teuer« zumindest in der Vorstellung vieler ja auch sicherlich mit »gut« gleichzusetzen ist (was nicht immer stimmen muss, wie die »Stiftung Warentest« anhand der verschiedensten Lebensmittel und auch Hundefutter schon des öfteren nachgewiesen hat).

Meist bekommt man schon von seinem Züchter ein Welpenstarterpaket mit und spart sich eventuell schon die Qual der Wahl. Fragt man den Tierarzt, so wird man häufig bemerken, dass meist diejenige Futtersorte empfohlen wird, welche die Praxis auch gerade verkauft. Macht nix, der wird's schon wissen, oder?

Trotzdem gehören Sie zu den Hundebesitzern, die auf der Suche nach etwas Artgerechterem als dem täglichen Einerlei sind. Sie machen sich Gedanken, ob die vielen Mineralien und künstlichen Vitamine, die der Welpe täglich mit seinem Trockenfutter aufnimmt, wirklich des Pudels Kern über eine lange Zeitspanne sind.
Gut, denn es gibt Alternativen.

Schaut man sich weniger domestizierte Caniden, beispielsweise Wildhunde (wie auf der Eberhard-Trumler-Station im Westerwald) oder Wölfe an, wird einem schnell klar, dass der Begriff des Carnivoren, also des Fleischfressers, für Hunde eigentlich nicht ganz exakt zutrifft. Verspeist werden ganze Beutetiere mit Haut, Haaren, Knochen und Mageninhalt. Die Wölfe entfernen aus einem erbeuteten Geflügelvieh nicht erst Knochen und Innereien, sondern verputzen die Beute bis auf ein paar Federn.

Omnivor, also Allesfresser, wäre wohl zumindest annähernd ein besserer Ausdruck. Sogar Beeren und Gräser, Früchte allgemein und sogar ab und an ein Kräutchen werden gerne genommen – und mal Hand aufs Herz: Wählen Sie die täglichen Haferflocken oder lockt Sie auch mal ein deftiges Steak?

Angelehnt an die Ernährungsgewohnheiten der wilden Vorfahren versuchen wir, das Futter so artgerecht wie möglich zu gestalten. Weg vom Einheitsbrei und hin zu frischen Zutaten, wozu auch Knochen und Gemüse gehören. Wer sich allerdings nun schon kochend vor dem Herd sieht, der irrt!

Stellen wir uns ein Beutetier vor – beispielsweise ein Kaninchen: Es liefert seinem Fressfeind Fleisch, Fett, Innereien, Mageninhalt, Fell und vieles mehr. Verdaulich daran ist fast alles und sogar der Pelz wird verzehrt, liefert wichtige Nährstoffe und regt die Verdauung an.

Wie ist dieses Prozedere auf den normalen Hundebesitzer übertragbar?

Die Mahlzeiten, die beim B.A.R.F. zubereitet werden, bestehen aus Fleisch (roh), Innereien (roh), Knochen (roh) und püriertem Gemüse (ebenfalls roh, bis auf einige Ausnahmen). Die Getreidekomponente, die im Fertigfutter den Hauptanteil ausmacht, kann man getrost weglassen, da Getreide Allergien auslösen kann, schwer verdaulich ist und eigentlich in der Hundeernährung in größeren Mengen nichts zu suchen hat, obwohl uns das jahrelang suggeriert wurde. Natürlich ist es auch nicht verboten, seinem Hund Reis, Kartoffeln oder Nudeln anzubieten, aber lebensnotwendig ist es sicherlich nicht. Aber dazu später mehr!

Wichtig ist, zu verstehen, dass menschliches Essverhalten nicht auf den Hund übertragbar ist. Nicht das, was wir als gesund für uns erachten, trifft auch auf den Hund zu! Hat man dies verstanden, kann es losgehen!

Zu Beginn ein Schritt in die Vergangenheit

B.A.R.F. : Was heißt das eigentlich? Für dieses Akronym gibt es viele unterschiedliche Definitionen, die zum Teil weiß Gott eher verwirrend als hilfreich sind. Von »**B**iologically **A**ppropriate **R**aw **F**eed« *(Biologisch angemessenes Rohfutter)* über »**B**iologically **A**vailable **R**aw **F**ood« *(Biologisch verfügbares rohes Futter)* bis hin zu »**B**one **A**nd **R**aw **F**ood« *(Knochen und rohes Futter)* um nur einige wenige zu nennen, jedoch haben letztendlich alle eins gemeinsam – die Umschreibung für eine artgerechte Rohernährung.

Wer damit begonnen hat, kann man unserer Meinung nach heute gar nicht mehr so genau sagen, doch hat sich in unseren Köpfen der Begriff B.A.R.F. seit den Büchern *Give your dog a bone* und *Grow your pups with bones* des australischen Tierarztes Dr. Ian Billinghurst fest etabliert und uns schließlich auf unserem Weg zur artgerechten Rohernährung begleitet.

Aber warum B.A.R.F.? Nun, eine gute Frage, wenn man bedenkt, dass die Wenigsten heute weder Zeit noch Lust verspüren, für ihren Hund lange in der Küche zu stehen, Gemüse und Obst zu putzen, Fleisch zu wolfen und Knochen zu hacken, wo doch die Ernährung mit Fertigfutter viel einfacher ist und schneller geht. Was also sollte einen Hundebesitzer bewegen, vom bequemen Fertigfutter umzusteigen auf die etwas aufwendigere Frischkost? Ganz einfach: Die Qualität des Futters und die Kontrolle darüber, was überhaupt gefüttert wird.

Man mag am Anfang zwar vielleicht das Gefühl haben, dass es etwas mehr Arbeit ist, aber sieht man erst einmal, wie es den Kleinen und Großen schmeckt, ist die Zeit schnell vergessen und das gute Gefühl im Bauch überwiegt!

B.A.R.F. also auch schon beim Welpen? Aber natürlich! Wie auch die wilden Verwandten unserer Hunde die Kleinen nach der Entwöhnung von der Mutter auf frische Nahrung umstellen, so können wir das auch mit unseren Welpen tun und sie von Anfang an artgerecht ernähren.

Die Vorteile sind vielfältig! Das eigens hergestellte Futter ist frei von Zusätzen, Konservierungsmitteln, Farbstoffen und vielen Beistoffen, also sicherlich um ein Vielfaches gesünder.

Natürlich sind unsere bescheidenen Hausgenossen in der Lage, ein Leben lang Fertigbrei zu futtern, doch muss das wirklich sein? Haben Sie einmal den Unterschied gesehen, wenn anstatt ein paar Trockenpellets plötzlich ein frischer Rinderknochen im Napf liegt?

Abwechslung und Vielfalt sichern Ausgewogenheit auf Dauer. Lassen Sie sich nicht erzählen, dass Hunde täglich ausgewogene Kost benötigen, auch kein Welpe braucht so etwas. Ausgewogenheit wird über längere Zeiträume mit Lebensmittelvielfalt erzielt, nicht mit dem täglichen Halten eines einzigen Nährstofflevels.

Die frische Kost liefert Nährstoffe, Befriedigung des Hungers, Zahnpflege und Beschäftigung in einem, da ein echter, roher Knochen zum Nagen der liebste Zeitvertreib Ihres Hundes werden kann – ob groß, ob klein, ob jung oder alt!

Die Zähne und Kiefer Ihres Hundes bleiben bis ins hohe Alter meist einwandfrei und trainiert – durch das Abnagen großer roher Knochen.

Doch wie umstellen? Wie wir bereits in unserem ersten Buch geschrieben haben, heißt hier die Devise »ganz oder gar nicht« und eine anfängliche Mischung mit Trockenfutter zu »allmählichen Umstellung« ist weder nötig noch sinnvoll. Gerade in den ersten Wochen gelingt eine Umstellung in den meisten Fällen problemlos. Dennoch ist es bei Welpen sinnvoll, erst einmal Lebensmittel zu wählen, die leicht verdaulich sind. Wichtig ist der Aufbau einer gesunden Darmflora also dem Fundament für ein gesundes Hundeleben – dazu aber im Folgenden mehr!

Seit vielen Jahren suggeriert uns die Werbung, dass selbst unsere Kleinsten nur gesund aufwachsen, wenn sie mit einem der vielen auf dem Markt erhältlichen Welpenfutter täglich ausgewogen in gleicher Vitamin-, Mineralstoff- und Rohstoffkombination versorgt werden. Nun müssen wir auch hier erst wieder anfangen umzudenken!

Neulinge auf dem Gebiet der artgerechten Rohernährung, aber auch erfahrene B.A.R.F.er lassen sich nicht selten im Hinblick auf die immer wieder gepredigte Ausgewogenheit verunsichern, anstatt ihrem Instinkt zu folgen. Ausgewogenheit sollte auf Wochen erzielt werden und sicherlich nicht mit jeder Mahlzeit!

Wir sind in unseren Köpfen mittlerweile so festgefahren, dass wir kaum noch logisch denken, ja sogar entscheiden können. Kein Lebewesen – ob Mensch oder Tier – lebt nach einer Norm und somit sind unzählige Aufschlüsselungen in ernährungswissenschaftlichen Büchern für die meisten irreführend – so erging es auch uns!

Dazu kommt noch, dass Faktoren wie Rasse, Gesundheitszustand, Alter aber auch Aktivitätsgrad, Stoffwechsel und vieles mehr eine große Rolle spielen und somit die tatsächliche Menge pro Tag bestimmen.

Unsere Welpen sind mit Fleisch, Innereien, Knochen, Salat und Gemüse prächtig herangewachsen. Bei keinem unserer Welpen gab es jemals Probleme im Skelettwachstum, das Fell glänzt, das Gebiss ist hervorragend ausgebildet und gepflegt und die Blutwerte liegen absolut im Bereich der von Tierärzten geforderten »Norm«.

Dem Organismus sollte also innerhalb eines bestimmten Zeitraumes alles Lebensnotwendige in Form von aufgeschlossenem »Grünzeug«, Fleisch, Knochen und Co und ab und an ein paar gesunde Zusätze zugeführt werden. Sind wir doch mal ehrlich: Kein

Mensch hat es jemals geschafft, sich tagtäglich ausgewogen und gesund zu ernähren. Warum also sollten bereits unsere Welpen unter Mangelerscheinungen leiden, nur weil sie von Anfang an artgerecht ernährt werden? Sie wissen es nicht? Gut so, denn dann haben Sie hier den ersten Schritt gewagt, sich selbst wieder Gedanken um die Ernährung Ihres Hundes zu machen!

Der Verdauungstrakt eines Hundes ist von Natur aus so konzipiert, dass das Schlingen der Nahrung ein ganz natürlicher Vorgang ist. Im Vergleich zu anderen Tieren besitzen Hunde einen relativ großen Magen und ein kleines Darmvolumen, was wiederum das Fressen großer Portionen möglich macht. Rohes Fleisch, Innereien und aufgeschlossenes Gemüse sind für Hunde hoch verdaulich und werden mit Hilfe von konzentrierten Verdauungssäften zügig verdaut, was eine kurze Verweildauer im Organismus zur Folge hat.

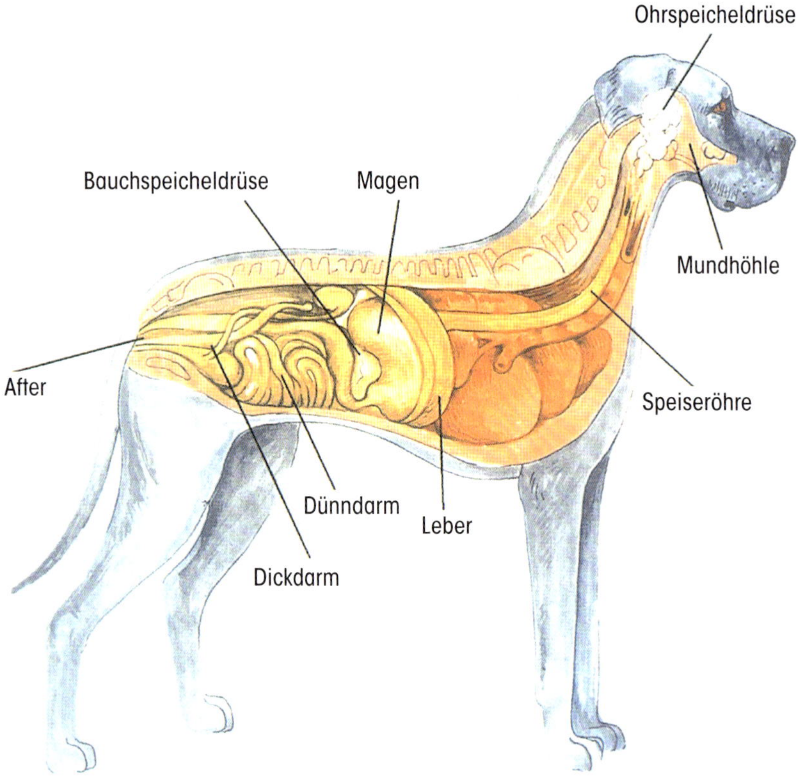

Verdauungsorgane des Hundes

Ein Blick in die »Hundeküche«

Für die Zubereitung einer gesunden Mahlzeit braucht es nicht viel: Mixer, Pürierstab, Entsafter, Hackbeil, Fleischwolf, Knochenmühle, Fleischermesser und Küchenwaage. All die Dinge sind sinnvoll und helfen, die gesunde Mahlzeit unserer Hunde schnell und problemlos zuzubereiten.

1. *Mixer und Pürierstab*
   Gut, um alle Zutaten so klein wie möglich zu pürieren, damit der Hund alles Gesunde verdauen kann.

2. *Hackbeil, Fleischwolf, Knochenmühle*
   Hin und wieder praktisch, um kleine lockere Knochenstücke zu entfernen oder Hühnerflügel oder -hälse usw. zu zerkleinern. (z.B. für Welpen oder Schlinger.)

3. *Fleischermesser*
   Wer schon einmal frischen Pansen und Blättermagen gefüttert hat, weiß, wozu man scharfe Messer braucht.

4. *Küchenwaage*
   Am Anfang leistet eine Küchenwaage gute Dienste. Mit der Zeit entwickelt man auch ohne einen geschulten Blick und ein gutes Händchen, was die richtige Menge angeht.

Rohes Fleisch, Fisch, Innereien und Knochen – Lebensenergie zum Aufbau

Gefüttert werden u. a. Rind, Kalb, Pferd, Ziege, Lamm und Fisch sowie Wild und Geflügel, wenn möglich aus artgerechter Haltung, niemals jedoch rohes Schweinefleisch, da dieses den für Hunde tödlichen Aujeszky-Virus enthalten kann. Auch wenn heute manche gekochtes Schweinefleisch empfehlen, raten wir dennoch davon ab!

STOP Niemals rohes Schweinefleisch füttern! Es kann für Hunde tödlich sein.

Pferdefleisch ist für etwas pummelige Welpen und Junghunde ideal, da es genau wie Kalb- und Lammfleisch besonders mager und gut verträglich ist. Bei Geflügel raten wir grundsätzlich dazu, Bio-Geflügel zu wählen, da dieses weniger hormon- und antibiotikabelastet ist.

Bei Welpen großer Rassen raten wir, die reine Fleischration (Rohprotein) etwas zu drosseln und dafür mehr rohe fleischige Knochen zu füttern. Sonst wachsen die Welpen so schnell in die Höhe, dass die Knochen nicht mit Mineralisieren nachkommen (siehe Grafik Seite 56). Wenn in der Wachstumsphase überwiegend Fleisch und nur sehr wenige rohe fleischige Knochen gegeben werden, erhält der Organismus viel Phosphor, aber zu wenig Kalzium, das dann aus den Knochen herausgezogen wird. Wird diese Fehlernährung lange Zeit beibehalten, kann sie zu Skelettschäden führen. Das ideale durchschnittliche Ca:P Verhältnis (Mengenverhältnis von Kalzium zu Phosphor) liegt bei 1,3 : 1 und muss auf einen langen Zeitraum hin eingehalten werden.

Je größer die Rasse, desto langsamer sollte der Welpe wachsen. Das bedeutet: Anfangs nicht zu viel rohes Fleisch, sondern mehr rohe fleischige Knochen füttern.

Auch frischer Fisch kann bereits an Welpen gefüttert werden. Entweder ganz mit Kopf und Gräten (etwa ab der 12. Lebenswoche), oder wem das nicht geheuer ist, püriert unter den Gemüsebrei gemischt!

An Innereien stehen bei uns 1x wöchentlich u. a. auf dem Speiseplan: Grüner Pansen und Blättermagen, Herz, Lunge, Leber und am besten aus biologischer Haltung. Leber dient primär als Vitamin A Quelle, doch sind auch die Mengen an Eisen und einigen wichtigen B-Vitaminen nicht von der Hand zu weisen. Vitamin A gehört zu den fettlöslichen Vitaminen, kann im Körper (überwiegend in de Leber) gespeichert werden und so bei einer übermäßigen Fütterung mit Leber (auch Lebertran) die sonst so positiven Eigenschaften durchaus ins Gegenteil verkehren. Weiterhin ist Leber als Entgiftungsorgan oft mit Schadstoffen wie Blei, Cadmium, aber auch Medikamentenrückständen belastet, weshalb wir von einer erhöhten Menge abraten. Gleiches gilt für Lunge, die nur in Maßen gefüttert werden sollte. Ob Nieren, Milz, Euter usw. gefüttert werden, bleibt jedem selbst überlassen.

Zuletzt noch rohe fleischige Knochen (nicht vom Schwein!) und Knorpelstücke, die einen Großteil der artgerechten Rohernährung ausmachen. Fleischige Knochen aus dem Grund, weil der Organismus des Hundes das Fleisch braucht, um aussreichend Verdauungssäfte (Magensäure) zu produzieren, welche bei der Zerlegung der Knochenteile helfen. Würde man also nur Knochen ohne Fleischanteil füttern, hätte der Verdauungsapparat nicht die Möglichkeit, diese richtig zu verdauen. Rohe fleischige Knochen, im Folgenden kurz RFK genannt, beinhalten Kalzium, Mineralstoffe und vieles mehr, was für ein gesundes Knochengerüst wichtig ist. Außerdem bieten sie bereits den Jüngsten einen tollen schmackhaften Zeitvertreib und reinigen ausgezeichnet die Zähne.

Was die Größe der angebotenen Knochen betrifft, empfehlen wir bei Welpen und Junghunden sehr große Kalbs- und Rinderknochen nur unter Aufsicht und zum Annagen zu geben, diese also nicht ganz auffressen zu lassen. Sie sollten in erster Linie der Beschäftigung und Zahnpflege dienen, denn für die reine Kalziumversorgung sind Hühnerhälse, Flügel etc. erst einmal besser geeignet.

Viele Besitzer reagieren am Anfang mit Skepsis auf das Anraten, bereits von Welpentagen an rohe Knochen zu füttern. Die von Dritten oftmals angeführten Bedenken, dass der Welpe diese nicht verträgt, sind aber gänzlich unbegründet, und sieht man erst einmal, wie es dem Welpen schmeckt, dann verschwinden diese Ängste meist auch ganz schnell wieder. Wer dennoch darauf verzichten möchte, kann auf Alternativen zurückgreifen (dazu später mehr!)

Orientieren wir uns an den wilden Vorfahren unserer Hunde, so sollte man sehen (wie bereits erwähnt), dass der Verdauungstrakt darauf ausgelegt ist, große Futtermengen zu schlingen. Allerdings folgt auf das große Fressen meist eine mehrtägige Fastenphase, so dass der Magen-Darm-Trakt, Leber und Nieren Zeit zum Ruhen und Regenerieren haben. Ergo wäre ein Fastentag ideal – wer das nicht kann, sollte zumindest einen fleischfreien Tag in Erwägung ziehen!

Öle und Fette für eine optimale Verwertung

Auch wenn Wölfe oder Wildhunde in der Natur keinen »zusätzlichen Schuss Öl« zum erlegten Beutetier erhalten, so ist es sinnvoll, bei der artgerechten Rohernährung eine kleine Menge Öl unterzumischen. Trotz des Fettanteils in rohem Fleisch (mal mehr, mal weniger) sind die vielen fettlöslichen Vitamine in Gemüse und Obst für den Hund erst mit einer weiteren Zugabe von Öl richtig verwertbar. Schauen wir uns die freilebenden Vorfahren unserer Haushunde an, so fällt auf, dass diese – je nach Größe des erlegten Tieres – die Beute meist mit »Haut und Haar«, Innereien, vorverdautem Mageninhalt und allem, was dazu gehört vertilgen und somit die vorhandenen Fette zur optimalen Verwertung beitragen.

Damit der Hund auch bei der artgerechten Rohernährung alle wichtigen fettlöslichen Vitamine aufnehmen und verwerten kann, sollte der Schuss Öl in der Mahlzeit deshalb auf keinen Fall fehlen!

Welche Öle genommen werden, bleibt letztendlich jedem selbst überlassen. Wir haben aus einer Unmenge von »gesunden« Ölen nur einige wenige herausgesucht, da viele in Studien eher schlecht als recht abgeschnitten haben – aus diesem Grund auf Qualität achten und besser »Bio«.

Die Mengen variieren auch hier, je nach Größe und Gesundheitszustandes des Hundes zwischen 1 Teelöffel und 1 Esslöffel.

Öle/Fette	Allgemein gilt
Lebertran	Erleichtert die Bildung der Milchzähne und sorgt für einen starken Knochenbau, gute Konstitution und schönes Fell. Beugt weiterhin Haarausfall vor und unterstützt den Stoffwechsel. Er wirkt wachstumsfördernd, daher ist er optimal für Welpen. **Achtung:** Lebertran ist sehr gehaltvoll und kann bei »Überdosierung« schnell zu Übelkeit, Durchfall und Appetitlosigkeit führen. **Wir empfehlen:** Lebertran *nicht* an trächtige Hündinnen füttern, da er hohe Anteile an Vitamin A und D enthält und so in dieser Phase auch Kompliktionen nach sich ziehen kann.
Lachsöl	Wirkt positiv bei Haut- und Fellproblemen. Stärkt das Immunsystem, hilft bei Stoffwechselstörungen und bei Neigungen zu Allergien. Omega-6-Fettsäuren können das Wohlbefinden positiv beeinflussen! Während der Trächtigkeit mit Gefühl unter die Mahlzeit mischen!
Olivenöl	Gesundheitliche Aspekte sind u. a. Förderung der Durchblutung, Vorbeugung von Arteriosklerose (> krankhafte Veränderung in der Arterienwand). Wir empfehlen natives Olivenöl extra (»extra vergine«), da dieses kalt aus frisch geernteten Oliven ohne Zusätze gepresst ist.
Rapsöl	Hoher Anteil an Alpha-Linolensäure, Vitamin E und Carotinoiden. Wirkt positiv auf den Cholesterinspiegel und ist u. a. gut für Herz und Kreislauf. **Tipp:** Nach dem Öffnen in einer dunklen Flasche kühl lagern.
Walnussöl	Hoher Gehalt an Linolsäure (2-fach ungesättigte Fettsäure – Omega 6). Gesundheitliche Aspekte sind u. a. Stärkung des Immunsystems, wirkt positiv auf den Fettstoffwechsel und hilft der Haut bei der Regeneration. **Tipp:** Nach dem Öffnen in einer dunklen Flasche kühl lagern.
Hanföl	Dieses aus dem Samen des Hanfs gepresste hochwertige Speiseöl enthält u. a. Linolsäure (2-fach ungesättigte Fettsäure – Omega 6) , Alpha Linolensäure (3-fach ungesättigte Fettsäure – Omega 3), Gamma Linolensäure (3-fach ungesättigte Fettsäure – Omega 6), Gadoleinsäure und Palmitinsäure. Hanföl ist besonders hilfreich bei Allergien, aber auch zur Behandlung und Vorbeugung von Arteriosklerose entfaltet dieses Öl seine hervorragende Wirkung.

Nachtkerzenöl	Reich an Gamma – Linolensäure und Linolsäure. Unterstützt die Behandlung von Juckreiz, Haut- und Ohrenentzündungen, Allergien und Wundbehandlungen. Verhinderung bzw. Heilung von Liegeschwielen. Kann innerlich wie äußerlich angewendet werden. **Wichtig:** Mit »Gefühl« unter die Mahlzeit mischen, da sehr gehaltvoll!
Leinöl	Hoher Anteil an Alpha Linolensäure (Omega-3-Fettsäuren) Unterstützend bei chronischen Entzündungen, gut für Augen, Hirn und Hormonhaushalt, aber auch bei Übersäuerung! **Achtung:** Nur geringe Haltbarkeit, sehr luftempfindlich und bekommt schnell einen bitteren Geschmack. Deshalb besser nur kleine Einheiten kaufen! **Tipp:** Im Tiefkühlfach hält sich Leinöl einige Wochen, ohne fest zu werden und den Geschmack zu verändern.
Butter	Es gibt mittlerweile Unmengen an Buttersorten und es ist wirklich schwierig, den Überblick zu behalten. In der artgerechten Rohernährung nutzen wir selbst ab und zu ein kleines Stückchen: Sauerrahmbutter > Herstellung erfolgt u. a. aus mikrobiell gesäuerter Milch Süßrahmbutter > Herstellung erfolgt u. a. aus Milch OHNE Zusatz von Milchsäurebakterien Mildgesäuerte Butter > Nach der Reifung werden noch Milchsäurebakterien eingeknetet. Der pH-Wert liegt zwischen 5.1 und 6.4.

Wie sollen wir beginnen?

Nun gut, Sie haben also den Entschluss gefasst, Ihren Welpen von Anfang an artgerecht roh zu ernähren, aber wie schaffen Sie den Start reibungslos?

Erst einmal haben wir für Züchter und zukünftige Besitzer eine Liste derjenigen Lebensmittel zusammengestellt, die man von Anfang an in den Futterplan einbeziehen kann. Sie erhebt keinen Anspruch auf Vollständigkeit, beinhaltet allerdings die Zutaten, die wir seit langer Zeit erfolgreich für unsere Welpen und erwachsenen Hunde verwenden. Im Endeffekt bleibt jedem selbst überlassen, was er füttert und sicherlich kann das ein oder andere aus den Listen »ab der 12. Lebenswoche« (s. S. 17) bzw. »ab dem 5./6. Lebensmonat« (s. S. 18) auch schon etwas früher gefüttert werden, doch haben wir mit dieser Einteilung die besten Erfahrungen gemacht. Die komplette Liste entnehmen Sie bitte unserem B.A.R.F.-Spickzettel ab Seite 16.

B.A.R.F.-Spickzettel – Züchterempfehlung ab der 4./5. Lebenswoche: Das kann gefüttert werden

Ausführliche Produkterläuterungen ab Seite 25.

Obst (püriert und nur sehr reif!)	**Gemüse** (püriert)	**Getreide (bei Bedarf) und Sonstiges**	**Fleisch, Fisch und Innereien** (gewolft)	**Fleischige Knochen AB DER 6./7. WOCHE**	**Gesunde Zusätze (bei Bedarf) und Öle**
Bananen Äpfel	Karotten/Mören Fenchel Chinakohl Zucchini	Reis, gekocht (für die Kleinen KEINEN Naturreis, da schwer verdaulich!) Milchreis (in Wasser gekocht!) Vorgequollene • Hirseflocken • Reisflocken • Haferflocken* Hüttenkäse Quark (40 %) Ziegenquark Ziegenmilch Eigelb samt Schale **vorausgesetzt, der Hund verträgt diese!*	Rindfleisch Pferdefleisch Herz Lachs	Hühnerflügel (gewolft) Hühnerhälse (gewolft) Hühnerrücken (gewolft) Zur Zahnpflege: Kalbsknochen zum Nagen (große Knochen, an denen nicht viel abgeht und die den Milchzähnchen nicht schaden)	Acerola oder Hagebuttenpulver Perna Canaliculus Bierhefeflocken Heilerde Hochwertige Öle (siehe Seiten 14/15)
	AB DER 6./7. WOCHE		**AB DER 6./7. WOCHE** (gewolft)		
	Salat		Hühnchen Pute Kalbfleisch Schlundfleisch Maulfleisch Kopffleisch Grüner Pansen Blättermagen		

B.A.R.F.-Spickzettel – Empfehlung ab der 12. Lebenswoche und Junghunde: Das kann *zusätzlich* gefüttert werden

Ausführliche Produkterläuterungen ab Seite 30.

Obst (püriert und nur sehr reif!)	**Gemüse** (püriert)	**Getreide (bei Bedarf) und Sonstiges**	**Fleisch, Fisch und Innereien**	**Fleischige Knochen** (ggf. gewolft oder gehackt)	**Gesunde Zusätze (bei Bedarf)**
Aprikosen Birnen Brombeeren Erdbeeren Himbeeren	Rote Bete Mais Rucola Salatgurke Blumenkohl	Kartoffeln, gekocht (Grenzfall, s. S. 32) Nudeln Vorgequollene Dinkelflocken Nüsse Buttermilch Naturjoghurt	Lammfleisch Schaffleisch Ziegenfleisch Wild (Reh, Hirsch) Innereien (Leber, Lunge usw.) Hase/Kaninchen Makrelen Dorsch Forelle Thunfisch Sprotten etc.	Putenhälse Kalbschwänze Lammbrustknochen Kalbsbrustknochen Beinscheibe etc. Zur Zahnreinigung: Große Kalbsröhrenknochen Große Rinderröhrenknochen Markknochen (keine ganz kleine sondern große wählen) etc.	Spirulina Chlorella Seealgenmehl Aloe Vera Propolis Honig **Kräuter** Gartenkresse Basilikum Kerbel Himbeerblätter Brombeerblätter etc.

B.A.R.F.-Spickzettel – Empfehlung ab 5./6. Lebensmonat: Das kann *zusätzlich* gefüttert werden

Ausführliche Produkterläuterungen ab Seite 37.

Obst (püriert und nur sehr reif!)	**Gemüse** (püriert)	**Getreide (bei Bedarf) und Sonstiges**	**Fleischige Knochen** (ggf. gewolft oder gehackt)	**Gesunde Öle/ Fette**	**Gesunde Zusätze (bei Bedarf)**
Heidelbeeren Johannisbeeren (rot und schwarz) Kirschen Kiwis Mandarinen Orangen Pfirsiche Pflaumen Mirabellen Ananas (selten)	Bohnen (grün, gekocht) Brokkoli Grünkohl (blanchiert) Kohlrabi Kürbis Rosenkohl (blanchiert) Rotkohl – in kleinsten Mengen Weißkohl – in kleinsten Mengen Sauerkraut Sellerie Spinat (blanchiert) Mangold (blanchiert) Wirsing	Weizenkleie Weizenkeime Kürbiskerne Probiotika (bei Bedarf)	Kaninchenköpfe Kehlköpfe Kniegelenke Lammrippen Strosse Ochsenschwanz	Lebertran Lachsöl Leinöl Hanföl Nachtkerzenöl Olivenöl Rapsöl Walnussöl Butter	Knochenmehl Kalziumzitrat oder gemörste Eierschale (Adäquate Kalziumlieferanten, wenn **keine** Knochen gefüttert werden möchten oder können.) **Kräuter** Petersilie Minze

Die goldenen B.A.R.F.-Regeln

1. Roh – auch schon beim Welpen

Außer ein paar wenigen Ausnahmen werden auch den Welpen das Gemüse, Fleisch, Innereien und Knochen ROH gefüttert. Im rohen und frischem Zustand erhalten Lebensmittel alle wichtigen Vitamine und Nährstoffe, die für ein gesundes Wachstum vonnöten sind. Gleiches gilt natürlich auch für Knochen. Im rohen Zustand ungefährlich, im gekochten dagegen lebensgefährlich, da die Knochenstrukturen durch das Kochen die Substanzen verändern, fast unverdaulich werden und splittern können!

2. Trennung von Getreide und Fleisch – kann, muss aber nicht!

Obwohl mittlerweile einige erfahrene Hundehalter auch in der Rohernährung dazu übergehen, Getreide mit Fleisch zu vermengen, sehen wir es trotz allem für sinnvoll an, gerade bei zur Magendrehung prädestinierenden Hunden eine Trennung vorzunehmen. Gemüse und rohes Fleisch werden recht schnell verdaut, Getreide und Knochen brauchen länger – aus diesem Grund die Trennung!

3. Gemüse und Obst sollte püriert werden!

Da der Verdauungstrakt unserer Hunde mit Zellulose – also den Zellwänden von Gemüse und Obst – nichts anfangen kann, sollte dies kleinstmöglich püriert werden. Hat man alles schon klein püriert, kann der Hund die durchbrochene Zellulose verdauen und von den wertvollen Vitaminen profitieren.

Je kleiner püriert, desto besser verwertbar! Auch sehr gut sind Obst- oder Gemüsesäfte.

Merke: Immer einen Schuss Öl dazu!

4. Ausgewogenheit auf Zeit!

Auch Welpen müssen nicht täglich ausgewogen ernährt werden. Wichtig ist nur, dass Ausgewogenheit auf einen Zeitraum von Wochen erzielt wird.

Milchprodukte

(für Hunde, die sie vertragen - s. S. 21)

Buttermilch

Wird aus Rahm Butter hergestellt, bleibt Milchflüssigkeit zurück, die mit Milchsäurebakterien angereichert wird. Buttermilch enthält die gesamte Nährstoffpalette unserer guten Milch, hat jedoch gerade mal 1 % Fett. Aus diesem Grund gibt es diese gesunde Leckerchen bei uns wöchentlich unter die Mahlzeit.

Hüttenkäse

Dieser Frischkäse, der aus kleinen, wasserhaltigen Körnern besteht, schmeckt leicht säuerlich, enthält wenig Fett und leicht verdauliches Eiweiß. Diesen Eiweißlieferant gibt es wöchentlich unter die Mahlzeit – mit Erfolg!

Joghurt

Unserer guten Kuhmilch werden Milchsäurebakterien zugesetzt, die faszinierenderweise nur einen Teil der Milch gerinnen lassen und somit die cremige Masse bilden. Joghurt gibt es in vielen verschiedenen Mager- und Fettstufen und somit bleibt es dem Hundebesitzer selbst überlassen, zu testen, welche der vielen Sorten der eigene Hund am liebsten mag und gut verträgt.

Quark

Enthält viel Milcheiweiß und wenig Milchzucker. Unsere Welpen bekommen öfters 40 %igen Quark, ansonsten eher die magere Version. Zur Herstellung von Quark wird Milch entrahmt, pasteurisiert, mit Sauermilchbakterien und Lab verdickt, zentrifugiert und die Molke vom Quark getrennt. Allgemein gute Akzeptanz und gut verwertbar.

Ziegenmilch/Ziegenquark

Ziegenmilch ist reich an wichtigen Vitaminen und Nährstoffen und hat eine leicht verdauliche Fettstruktur. Der hohe Anteil an natürlichem Vitamin D unterstützt einen gesunden Skelettaufbau.

Tipp: Eine gute Alternative für herkömmliche Milchaustauscher oder für die Aufzucht von Hand (siehe Seite 63). Der Protein- und Fettanteil kann durch Zugabe von Eigelb erhöht werden.

Probiotika

Allgemein gesagt »lebende Mikroorganismen« die das Gleichgewicht der Mikroorganismen im Verdauungstrakt verbessern und so die Gesundheit und Darmflora positiv beeinflussen.

Präbiotika

Die Rede ist von »unverdaulichen Nahrungsinhaltsstoffen«, die u. a. das Wachstum einer oder mehrerer körpereigener Bakterienstämme im Dickdarm stimulieren.

Synbiotika

Unterstützen sich Pro- und Präbiotika in ihrer Wirkung, so spricht man von »Synbiotika«, welche eine positive Veränderung der Darmflora hervorrufen*.

---

*Ob und wie Probiotika tatsächlich wirken, ist dennoch bis dato noch immer nicht ganz erforscht. Auf einer Konsensuskonferenz in Frankfurt im Jahre 1995 wurde wissenschaftlich nur erwiesen, dass Probiotika die Milchzuckerverwertung bei Laktoseintoleranz fördern, Häufigkeit und Dauer von Durchfallerkrankungen sinken, krebsfördernde Enzyme im Dickdarm reduziert werden und das Immunsystem stimmuliert wird.

Oben genannte Milchprodukte werden meist sehr gerne genommen und bei uns nicht nur mit Obst vermischt. Viele Gemüsesorten wie Spinat, Mangold aber auch Rot- und Weißkohl erhalten einen Klecks davon. Wir erinnern uns »... der mit dem Blubb«!

Fazit: Zur Unterstützung bei und nach Antibiotikabehandlungen sind Probiotika sicherlich eine gute Variante, um die geschädigte Darmflora beim Hund auch wieder auf Vordermann zu bringen.

Milchzuckerunverträglichkeit (Laktoseintoleranz)

Obwohl Welpen den Laktoseanteil der Muttermilch von Natur aus gut vertragen, nimmt diese Verträglichkeit mit zunehmendem Alter ab. Das Verdauungsenzym Laktase wird während der Laktation (Säugeperiode) gebildet und ist erforderlich für die Milchzuckerspaltung und der daraus resultierenden Verwertung. Mit dem Alter – sprich nach der Säugezeit – nimmt die Produktion dieses Enzyms stark ab und führt so meist zur »Laktoseintoleranz« bei Hunden. Aus diesem Grund vertragen Hunde Milch und Milchprodukte mit einem hohen Laktosegehalt schlecht und neigen zu Durchfällen und Verdauungsbeschwerden. Milch- und Milchfolgeprodukte sind für unsere Vierbeiner nicht lebensnotwendig und viele vertragen sie auch nicht optimal. Hat der Hund aber keine Probleme damit, steht einer Fütterung nichts im Wege!
Tipp: Im Handel sind auch laktosefreie Milchprodukte erhältlich.

Milchsäure – gut zu wissen:

Rechtsdrehende Milchsäure (L+)
• unterstützt sowohl die Verdauung als auch das Immunsystem • hilft bei Stoffwechselstörungen und leistet einen entscheidenden Beitrag bei der Bekämpfung der Linksmilchsäure (auch »Krebsmilchsäure« genannt) • große Hilfe gegen »säureempfindlichen« Mikroorganismen
Linksdrehende Milchsäure (D-)
• wird mit der Nahrung aufgenommen und nur langsam abgebaut • bei hoher Konzentration Begünstigung einer Laktatazidose • bei einem erhöhten Harnsäurespiegel ist es kontraindiziert, D-Milchsäure zu füttern!

Nüsse - Harte Früchtchen der Natur

Auch für unsere Kleinsten gehören ein paar dieser unscheinbar harten Früchtchen ab und zu unter den Obstquark gemischt. Nüsse sind wahre Kraftpakete und enthalten viele wichtige Vitamine, Mineralien und gesunde Fette, welche Herz und Gehirn schützen. Außerdem liefern sie Energie pur!

Haselnüsse

Vitamin E, Vitamin B, Vitamin C
Mineralstoffe, Spurenelemente
80 % einfach ungesättigte Fettsäuren
10 % mehrfach ungesättigte Omega-6-Fette
10 % gesättigte Fette

Walnüsse

Vitamin A, Vitamin B, Vitamin E
viel Kalium, Magnesium, Phosphor, Zink
20 % einfach ungesättigte Fette
60 % mehrfach ungesättigte Omega-6-Fette
10 % mehrfach ungesättigte Omega-3-Fette
10 % gesättigte Fette

Cashewnüsse

Viele B-Vitamine
Betacarotin, Zink, Kupfer, Eisen
60 % einfach ungesättigte Fette
20 % mehrfach ungesättigte Omega-6-Fette
20 % gesättigte Fette

Zu finden sind Nüsse fast überall im Handel, jedoch haben wir die besten Erfahrungen in Reformhäusern gemacht, da hier die Kontrollen am schärfsten sind. Nüsse gehören wegen ihrer schnellen Verderblichkeit nach dem Öffnen in eine Tupperbox und in den Kühlschrank, da sie schnell ranzig werden und sich die sonst so gesunden Fette in ungesunde umwandeln. Auffällig sind kleine weiße Stellen, bei deren Anblick man unweigerlich den Weg zum Abfalleimer antreten sollte. Schimmelpilze wie z. B. der Aspergillus flavus bilden Aflatoxine (Pilzgifte/Mykotoxine), die bei + 30 Grad am besten wachsen. Sie können die DNA schädigen und u.a. Lebertumore verursachen. Aflatoxine können weiterhin enthalten sein in Mais, Reis, Sojabohnen, Weizen, Kuh- und Schafsmilch und sind äußerst gefährlich.

Achtung! Bei Nüssen immer auf das Haltbarkeitsdatum achten, in eine Tupperbox und ab damit in den Kühlschrank. Gute Hersteller liefern schon in dunkler Verpackung!

Knoblauch & Co.: Ja oder nein?

Sicherlich gibt es unterschiedliche Meinungen dazu, was man seinem Hund füttern kann und was nicht. Oft wird rückgeschlossen, dass das, was für Menschen gesund ist – wie zum Beispiel Knoblauch – auch für Hunde gut sein müsste. Und wenn man sich im Internet die vielen Seiten über Hundeernährung anschaut, so kommt man schnell ins Grübeln, wieso einige Hundeerfahrene Lebensmittel wie Knoblauch und Co. anraten, andere wiederum nicht.

Natürlich macht es wie überall die Menge, das lehrte uns bereits Paracelsus mit seinem berühmt gewordenen Zitat: *»All Ding' sind Gift und nichts ohn' Gift; allein die Dosis macht, dass ein Ding kein Gift ist.«* . Auch macht es sicherlich nichts aus, wenn mal der hochgelobte Knoblauch in die Mahlzeit kommt. Aber warum ein wenig von einem Stoff füttern, der in größeren Mengen schadet, wenn wir doch locker darauf verzichten können und die für den Menschen guten Eigenschaften auf den Hund nicht übertragbar sind?

Wie auch immer! Auch wenn einige Lebensmittel wie diese empfehlen – wir raten davon ab. Knoblauch gehört zur Familie der Alliaceae (Zwiebelgewächse), die für Hunde giftig bis stark giftig sind. Er enthält N-Propyldisulfid, welches in den roten Blutkörperchen so genannte »Heinz-Körper« bildet, die zum Aufplatzen der Blutzellen führen und somit bei regelmäßiger Fütterung zu lebensbedrohlicher Anämie. Aber auch die Inhaltsstoffe von Brennnesseln können zu Allergien führen und gehören daher unserer Meinung nach nicht in die artgerechte Rohernährung!

Für Züchter gilt: Alfalfa und Sojaprodukte beeinflussen den Östrogenhaushalt und sollten daher unserer Meinung nach *nicht an trächtige und laktierende Hündinnen* verfüttert werden.

Wir meinen, dass es genügend geeignete Lebensmittel gibt, so dass man getrost auf das eine oder andere verzichten kann! Zur Abwehr von Zecken lässt sich nur so viel sagen, dass die täglich Knoblauchzugabe zur Fernhaltung von Parasiten *keine* bewiesene Wirkung hat und somit als ein überliefertes, altes, meist unwirksames Hausmittelchen ad acta gelegt werden kann!

Eier (Eins bis drei pro Woche)

Wir empfehlen, das Eiweiß nicht mitzufüttern, da es Stoffe enthält, die die Funktion des Verdauungsenzyms Trypsin hemmen und somit zu Verdauungsstörungen führen können. Außerdem enthält Eiweiß Avidin, ein Glykoprotein, das die Verwertung von Biotin im Körper negativ beeinflusst.

Wir füttern das rohe Eigelb und mischen die zuvor im Mörser zerstoßene Schale darunter. Diese ist ein guter Kalziumlieferant, insbesondere für trächtige Hündinnen, die besser nicht zu viele Knochen erhalten sollten. Bei vielen trächtigen Hündinnen führen Knochen zu Verstopfungen. (Siehe Seite 65.)

Gemüse und Obst - gesund und schmackhaft schon für die Kleinsten

Wo Sie Gemüse und Obst kaufen, ist Ihnen überlassen. Ob im Discounter oder im Feinkostladen, ist im Grunde egal, auch wenn wir persönlich hier »Bio« bevorzugen. Wichtig ist nur, dass Gemüse und Obst frisch sind und besser keine langen Transportwege hinter sich haben. Deshalb lohnt sich der Blick auf den Saisonkalender auf S. 48. Obst und Gemüse, das aus dem Ausland kommt, ist oftmals »chemisch« vorbelastet, damit es die Transporttage gut und unbeschadet übersteht.

Wir kaufen meist auf dem einheimischen Markt und verwenden überwiegend Gemüse und Obst aus Demeteranbau und nach der Saison. Natürlich ist alles das ganze Jahr über erhältlich, allerdings sollte man beachten, dass importierte Ware meist schon lange Lieferstrecken hinter sich hat und in dieser Zeit viel an Vitamingehalt verloren, dafür aber an Konservierungsstoffen zugelegt hat. Ansonsten Gemüse und Obst gut waschen und gegebenfalls schälen – siehe Tabelle!

Unreifes Obst, Obstkerne und Steine sollten im Hinblick auf die enthaltene Blausäure überhaupt nicht gefüttert werden. Zwar ist der Anteil relativ gering, dennoch begünstigt Blausäure Krankheiten. Aus diesem Grund: Nur reifes Obst ohne Kerne!

B.A.R.F.-Tipp

Eine gute Alternative zur »Frischkost« bieten tiefgefrorene Obst- und Gemüsesorten wie Brokkoli, Blumenkohl, Bohnen (nur gekocht!), Spinat, Möhren, Beeren usw. Hierbei zeigt sich nur sehr wenig Vitaminverlust, da diese Sorten gleich nach dem Ernten bei starken Minustemperaturen schockgefroren werden.

Der Gesamtanteil an Gemüse und Obst an der Fütterung ist aber eher gering, da Hunde den Hauptanteil der benötigten Nährstoffe aus Fleisch, Knochen, Innereien und Sehnen ziehen können!

Geeignete Produkte für Welpen und Junghunde

Was ab der 4./5. Lebenswoche gefüttert werden kann

Äpfel

Lagerung und Vorbereitung: Im Kühlschrank oder an kühlen, luftigen Orten, ansonsten werden rote Sorten schnell mehlig. Unter heißem Wasser *kurz* abwaschen.

Gesundheit: Äpfel sind nicht nur gesund, sondern auch noch kalorienarme Sattmacher. Äpfel stecken voller Pektin, einem Ballaststoff, der den Cholesterinspiegel senkt und den Säuregehalt im Körper neutralisiert. »An apple a day keeps the doctor away«, sagt ein Sprichwort. Die Pektine aus reifen Äpfeln binden Schlacke und Gifte im Dünn- und Dickdarm und helfen bei deren Ausscheidung!

Anwendung: Fast das ganze Jahr über gibt es bei uns fast täglich ein Stück Apfel sowohl in die Obst- als auch in die Gemüsemahlzeit. Immer schön püriert und so rot und süß wie möglich!
Lieber Bio-Produkte einkaufen, da viele Äpfel durch lange Transportzeiten nur noch einen Bruchteil der Vitamine beinhalten; dafür aber viele Schadstoffe mit dem Wachsen und Spritzen erhalten haben!

Wichtigste enthaltene Nährstoffe: Eiweiß, Fett, Kohlenhydrate, Ballaststoffe, Wasser, Provitamin A, Vitamin E, Vitamin B1, Vitamin B2, Vitamin B6, Folsäure, Vitamin C, Natrium, Kalium, Kalzium, Magnesium, Phosphat, Eisen, Jod.

Bananen

Lagerung und Vorbereitung: Bei Raumtemperatur. Nur pellen und ab damit unter den Obstbrei!

Gesundheit: Optimal wirksam, wenn die Schale dunkelgelb mit braunen Flecken ist. Schützt bei Gastritis die Magenschleimhaut, bessert Magengeschwüre, normalisiert zu hohes Cholesterin und beugt Adernverkalkung vor.

Anwendung: Mit Quark und Apfel zusammen fein püriert und einem Schuss Honig und zusätzlich einem Löffel Acerola eine ideale Obstmahlzeit für morgens oder abends, der kein Hund widerstehen kann.

Wichtigste enthaltene Nährstoffe: Hoher Zuckeranteil (ca. 20 %), Eiweiß, Fett (ca. 0,2 %), Glücksstoff »Serotonin« enthalten, Vitamin B 6, Folsäure, Kalium, Magnesium.

Fenchel

Lagerung und Vorbereitung: Bei + 1 °C und hoher Luftfeuchtigkeit bis zu vier Wochen haltbar, im Kühlschrank ca. eine Woche. Blanchiert und danach tiefgekühlt ca. vier bis acht Monate lagerfähig. Gut waschen und das Grün abschneiden.

Gesundheit: Der Geschmack ist sicherlich Gewöhnungssache für Hunde, aber der hohe Vitamin C-Gehalt sollte zumindest den Besitzer von der Notwendigkeit der abwechslungsreichen und somit auch manchmal fenchelhaltigen Ernährung überzeugen.

Anwendung: Kleine Stücke pürieren und ab unter den Gemüsebrei.
Aufpassen während einer homöopathischen Behandlung, da die enthaltenen ätherischen Öle die Wirksamkeit der Homöopathika beeinträchtigen. Während der Trächtigkeit besser keinen Fenchel geben, in der Säugeperiode unterstützt er dagegen die Milchbildung. Aber auch hier die Mengen nicht übertreiben. Nicht zu viel verwenden, da sonst das Futter meist stehen bleibt.

Wichtigste enthaltene Nährstoffe: Eiweiß, Fett, Kohlenhydrate, Ballaststoffe, Wasser, Provitamin A, Vitamin E, Vitamin B1, Vitamin B2, Vitamin B6, Folsäure, Vitamin C, Natrium, Kalium, Kalzium, Magnesium, Phosphat, Eisen, Jod.

Chinakohl

Lagerung und Vorbereitung: In kühlen Räumen oder im Kühlschrank meist über Wochen haltbar. Bei 0 °C und nicht zu hoher Luftfeuchtigkeit zwei bis drei Monate haltbar, abgeschnitten jedoch nur eine Woche. Welke Blätter entfernen. Strünke abschneiden und Blätter einzeln kalt waschen und abtropfen lassen.

Gesundheit: Im Gegensatz zu anderen Kohlarten ist Chinakohl leich verdaulich, bläht nicht und ist schonkostgeeignet (wie Brokkoli). Wichtiger Vitaminspender im Winter. Chinakohl enthält wertvolle Aminosäuren, B-Vitamine und Vitamin C.

Anwendung: Gewaschen und püriert mit anderem Gemüse in den Mixer.

Wichtigste enthaltene Nährstoffe: Eiweiß, Fett, Kohlenhydrate, Ballaststoffe, Wasser, Provitamin A, Vitamin E, Vitamin B1, Vitamin B2, Vitamin B6, Folsäure, Vitamin C, Natrium, Kalium, Kalzium, Magnesium, Phosphat, Eisen, Jod.

Möhren/Karotten

Lagerung und Vorbereitung: Im Kühlschrank bis zu fünf Tagen haltbar. Ungewaschene Wintermöhren halten sich in Sand gelegt Monate. Blanchiert und danach tiefgekühlt ca. acht bis zehn Monate haltbar.
Tipp: Bei Bundmöhren das Grün sofort entfernen, da es Möhren selber schneller welken lässt. Waschen und grüne Teile abschneiden.

Gesundheit: Schonkost, besonders bekömmlich. Das liegt unter anderem am Pektingehalt. Pektine quellen im Verdauungstrakt schleimartig auf und schützen so die Magen-Darmschleimhaut. Beta-Carotin sorgt für die Gesundheit von Augen, Haut und Haaren. Pektine und Carotine beugen Krebs vor. In Zusammenhang mit einem Schuss Öl können Vitamine und Gesundstoffe auch richtig aufgeschlossen werden.

Anwendung: Fast täglich, fein püriert sowohl unter den Gemüse- als auch Obstbrei. *Immer Öl dazu,* da die enthaltenen Vitamine fettlöslich sind!

Wichtigste enthaltene Nährstoffe: Eiweiß, Fett, Kohlenhydrate, Ballaststoffe, Wasser, Provitamin A, Vitamin E, Vitamin B1, Vitamin B2, Vitamin B6, Folsäure, Vitamin C, Natrium, Kalium, Kalzium, Magnesium, Phosphat, Eisen, Jod.

Zucchini

Lagerung und Vorbereitung: Bei Raumtemperatur lagern. Optimal bei + 13 - 15 °C. Eigens geerntete können eingewickelt im Gemüsefach zwei bis drei Wochen aufbewahrt werden. Blanchiert und danach eingefroren acht bis zehn Monate.
Grüne Zucchini empfehlen wir zu schälen (Malonsäure), gelbe nicht. Kurz waschen, Spitze und Stiel abschneiden.

Gesundheit: Entsäuert durch Basenüberschuss, Selen und Carotin gelten als krebshemmende Stoffe.

Anwendung: Geschält und fein püriert unter den Gemüsebrei. Sehr gut verträglich. Besser sind kleine Zucchini wegen der höheren Konzentration an gesunden Stoffen. Gelbe sind zudem noch malonsäurefrei (Stoffwechselhemmer).

Wichtigste enthaltene Nährstoffe: Eiweiß, Fett, Kohlenhydrate, Ballaststoffe, Wasser, Provitamin A, Vitamin E, Vitamin B1, Vitamin B2, Vitamin B6, Folsäure, Vitamin C, Natrium, Kalium, Kalzium, Magnesium, Phosphat, Eisen, Jod.

Rindfleisch

Gesundheit: Wertvoller Nährstofflieferant!

Anwendung: Wenn möglich, am besten aus biologisch artgerechter Haltung. Das Alter der Schlachttiere, aber auch die Mastmethoden bestimmen mitunter die Qualität des Fleisches.

Wichtigste enthaltene Nährstoffe: Eiweiß, Fett und Fettbestandteil »Cholesterin«, Vitamin A, B-Vitamine, Niacin, Eisen, Kalium, Phosphor, Natrium.

Herz

Gesundheit: Mageres, festes, zartes Muskelfleisch.

Tipp: Besser von jungen Schlachttieren.

Wichtigste enthaltene Nährstoffe: Natrium, Kalium, Kalzium, Phosphor, Magnesium, Eisen, Vitamin A, Vitaim E, B-Vitamine, Vitamin C.

Pferdefleisch

Gesundheit: Fett- und Cholesterinarm.

Anwendung: Besonders gut für Hunde mit Allergien.

Wichtigste enthaltene Nährstoffe: Vitamin A, Vitamin 1, 2, 6 und 12, Vitamin E, Natrium, Magnesium, Kupfer, Jodid, Kalzium, Phosphor, Zink, Chlorid, Selen.

Frischer Fisch wie z.B. Lachs

Gesundheit: Die Fettsäuren sind gut für die Herz- und Gehirnfunktionen und stärken gleichzeitig noch das Immunsystem. Hochwertiges Eiweiß, leicht verdaulich.
Anwendung: Wird frischer, roher Fisch »komplett« gefüttert, liefert er eine optimal ausgewogene Nährstoffzufuhr. Einmal die Woche sollte ausreichen.

Wichtigste enthaltene Nährstoffe: Omega 3-Fettsäuren, Jod, Natrium, Kalium, Kalzium, Phosphor, Magnesium, Eisen, Vitamin A, B-Vitamine, Niacin, Vitamin C.

Was zusätzlich ab der 6./7. Lebenswoche gefüttert werden kann

Salate (außer Kopfsalat)

Wegen der hohen Nitratgehalte im Kopfsalat empfehlen wir, auf diesen zu verzichten!

Lagerung und Vorbereitung: Im Kühlschrank lagern, da leicht verderblich und zwar umso schneller, je lockerer die Köpfe sind. Meist nur eine Woche haltbar. Nicht mit Äpfeln und Tomaten zusammen lagern, da Salat sonst vergilbt. Welke Blätter entfernen, Strunk lösen und in stehendem kaltem Wasser gut waschen – trocken schleudern.
Feldsalat lässt sich nur schlecht lagern und verliert schnell den hohen Vitamin C-Gehalt. Meist ist er sehr sandig, daher in stehendem kaltem Wasser zwei- bis dreimal waschen, Wurzeln abschneiden und trocken schleudern.
Endiviensalat ist nur begrenzt lagerfähig. Ungeputzt bei besten Bedingungen ca. zwei Wochen, im Kühlschrank ca. zwei bis drei Tage haltbar.

Gesundheit: Die vielseitigen Inhaltsstoffe fördern den Zelltransport, das tiefe Grün unterstützt diese mit Chlorophyllreserven. Vor dem Pürieren gut waschen.

Anwendung: Fein püriert fast täglich unter das Gemüse. Immer mit einem Schuss Öl und oft noch etwas Spirulina und Vitamin C dazu!

Wichtigste enthaltene Nährstoffe: Allgemein gilt: »Je grüner, desto gesünder.« Eiweiß, Fett, Kohlenhydrate, Ballaststoffe, Wasser, Provitamin A (über 20 %), Vitamin E, Vitamin B1, Vitamin B2, Vitamin B6, Folsäure, Vitamin C (über 20 %).

Geflügel wie Hühnchen/Pute

Gesundheit: Fettarmes Fleisch und leicht verdaulich! Gut nach Magen-Darm Infektionen und bei Diät. Gute Proteinquelle.

Wenn möglich, aus biologisch artgerechter Haltung, da weniger hormon- und antibiotikabelastet.

Wichtigste enthaltene Nährstoffe: Vitamin A, B-Vitamine, Niacin, Kalium, Magnesium, Eisen.

Kalbfleisch

Gesundheit: Enthält viel Eiweiß, wenig Fett und Bindegewebe. Leicht verträglich, daher auch gut zum Aufbau nach einer Krankheit. Aufgrund der Aminosäurenzusammensetzung sehr wertvoll.

Hinweis! Die Fleischfarbe kann Aufschluss auf die Art der Ernährung geben:
Milchkalbfleisch = hellrosa und zart (Fütterung erfolgte überwiegend mit Milch)
Futterkalbfleisch = dunklere Rosatönung (Kälber wurden bereits auf Futter umgestellt)

Wichtigste enthaltene Nährstoffe: Wichtiger Eiweißlieferant, Fett, hoher Anteil an B-Vitaminen, Eisen, Kalium, Zink, Phosphor.

Vormägen wie Blättermagen und Pansen

(am besten ungereinigt)

Gesundheit:
Sehr gut verdaulich und gut für mäkelige Fresser oder Hunde, die gerne Pferdeäpfel, Kuhfladen etc. fressen. Im Gegensatz zu Muskelfleisch ist der Proteingehalt geringer.

Wichtig: Bekommt man frische Vormägen direkt vom Bauer und sind diese noch gefüllt, auf eventuell mitgefressene Steine achten. Werden frische Vormägen gefüttert, reduziert sich der Anteil an Salat, Gemüse und Co.

Wichtigste enthaltene Nährstoffe: Hoher Gehalt an aufgeschlossenen Pflanzenteilen (wenn ungewaschen), daher besonders wertvoll! Hoher Anteil an Verdauungsenzymen, lebenden Bakterien wie z. B. Milchsäurebakterien und wichtigen B-Vitaminen, besonders B1. Enges Ca/P-Verhältnis (s. S. 52).

Schlund (Speiseröhre)
(auch Maul und Kopffleisch)

Gesundheit: Bestehend aus Bindegewebe, Schleim- und Muskelhaut. Enthält sehr gut verträgliches und verwertbares Protein.

Anwendung: Am besten gewolft und in den Gemüsebrei.

Hühnerhälse, Hühnerflügel und Hühnerrücken

Gesundheit: Im rohen Zustand voll verdaulich und sehr gut bekömmlich.

Tipp: Bei »Schlingern« die Flügelspitzen abhacken oder besser durch den Wolf drehen. Gleiches gilt auch für Rücken.
Besser aus artgerechter Haltung, da weniger hormon- und antibiotikabelastet!

Wer Hühnerhälse in kleine Stücke hacken möchte, tut dies am besten noch halb gefroren.

Fleischige Kalbsknochen

Gesundheit: Guter Kalziumlieferant, besonders für Welpen und Junghunde.

Tipp: Zu Beginn große rohe fleischige Knochen, am besten noch mit Gelenkkopf zum Nagen.

Was zusätzlich ab der 12. Woche gefüttert werden kann

Aprikosen

Lagerung und Vorbereitung: Am besten bei Zimmertemperatur lagern. Waschen, in der Mitte aufschneiden, Stein entfernen – fertig!
Tipp: Da Aprikosen sehr druckempfindlich sind, ist es ratsam, sie besser nebeneinander statt in einer Schüssel zu lagern.

Gesundheit: Gut für Haut und Schleimhäute, wirken blutbildend, appetitanregend, etwas harntreibend und verbessern die Darmtätigkeit. Beim Menschen hochwirksames Mittel zur Entwässerung bei dicken Beinen; entlastet Herz und Kreislauf. Unterstützt die Behandlung von Rheuma und Gicht. Aprikosen enthalten sehr viel Carotin, das unter anderem für die Sehkraft und das Funktionieren des Stoffwechsels wichtig ist.

Anwendung: Fein püriert und überreif als Mus unter den Obstbrei.

Wichtigste enthaltene Nährstoffe: Natrium, Kalium, Kalzium, Phosphor, Eisen, Vitamin A, Vitamin B1/B2, Niacin, Vitamin C.

Birnen

Lagerung und Vorbereitung: Kühl und dunkel lagern, ansonsten Folsäureverlust! Bei + 15 - 20 °C reifen sie innerhalb von drei Tagen nach.
Mit heißem und kaltem Wasser kurz gut waschen. Immer mit Schale, da der höchste Gehalt an Vitaminen und Pflanzenstoffen in der Schale liegt.

Gesundheit: Birnen sind verdauungsfördernd. Kalium entwässert und die Gerbsäuren wirken sich positiv auf Magen- und Darmentzündungen aus. Mit betont basischen Inhaltsstoffen schützen sie vor Übersäuerung. Kiesel- und Phosphorsäure wirken positiv auf den Allgemeinzustand.

Anwendung: Auch hier gilt: Wenn die Schale schon leicht bräunliche Flecken aufweist und übergelb und reif aussieht, auch etwas matschig, aber nicht faul, ist die Birne für den Hund am besten zu verspeisen. Fein püriert mit anderem Obst als Mahlzeit geben.
Merke: Bei Hunden, die leicht zu Blähungen neigen, wenig füttern.

Wichtigste enthaltene Nährstoffe: Eiweiß, Fett, Kohlenhydrate, Ballaststoffe, Wasser, Provitamin A, Vitamin E, Vitamin B1, Vitamin B2, Vitamin B6, Folsäure, Vitamin C, Natrium, Kalium, Kalzium, Magnesium, Phosphat, Eisen, Jod.

Brombeeren

Lagerung und Vorbereitung: Bei 0 °C höchstens vier Tage lagerungsfähig – sie schimmeln schnell! Sorgfältig kurz waschen bzw. spülen.
Gesundheit: Entgiften die Leber, senken Fieber, fördern die Verdauung, sind schleimlösend, blutreinigend und blutbildend, was sie ausgezeichnet als Schutz gegen Anämie (Eisen, Kupfer) geeignet macht. Weiterhin gilt die Brombeere als krebsvorbeugend! Aus der Humanmedizin weiß man: Sie normalisiert Reizleitungen der Nerven und des Herzschlages, enthaltene Flavone dichten Gefäßwände ab, unterstützt bei Verdauungsschwächen, bei Durchfall, Blasenentzündungen, Fieber, Halsschmerzen, Mandelentzündungen, Nasenbluten, Schnupfen, chronischem Bronchialkatarrh, Sodbrennen und Aufstoßen, aber auch gegen Flechten und Hautausschläge jeder Art.

Anwendung: Mit Quark und Honig zusammen gemischt eine gelungene Obstmahlzeit!

Wichtigste enthaltene Nährstoffe: Eiweiß, Fett, Kohlenhydrate, Ballaststoffe (über 20 %), Wasser, Provitamin A, Vitamin E, Vitamin B1, Vitamin B2, Vitamin B6, Folsäure, Vitamin C (über 20 %), Natrium, Kalium, Kalzium, Magnesium, Phosphat, Eisen, Jod.

Erdbeeren

Lagerung und Vorbereitung: Ganz empfindliche Früchtchen. Maximale Lagerungszeit bei 0 - 2 °C ca. fünf Tage. Besser auf einheimische umsteigen.
Vorsichtig in reichlich Wasser waschen (am besten noch in der Box) – niemals unter einem Wasserstrahl!

Gesundheit: Erdbeeren machen Appetit, fördern die Verdauung, entschlacken den Körper, reinigen die Schleimhäute, stoppen Durchfall, beschleunigen die Wundheilung. B-Vitamine für bessere Konzentration, gute Augen, schönes Fell. Natrium bindet Säuren im Körper, die Arthrose und arthritische Beschwerden auslösen können, entzündungshemmend durch Phosphor (baut Enzyme auf), das Eisen wirkt gegen Blutarmut (Anämie). Kalzium, Phosphor stärken vor allem bei jungen Hunden die Knochen und Zähne, ebenso wie der hohe Vitamin C-Gehalt.

Anwendung: Mit Quark und Honig zusammen gemischt eine gelungene Obstmahlzeit!

Wichtigste enthaltene Nährstoffe: Eiweiß, Fett, Kohlenhydrate, Ballaststoffe, Wasser, Provitamin A, Vitamin E, Vitamin B1, Vitamin B2, Vitamin B6, Folsäure, Vitamin C (über 20 %), Natrium, Kalium, Kalzium, Magnesium, Phosphat, Eisen, Jod.

Himbeeren

Lagerung und Vorbereitung: Schlecht lagerungsfähig, da sehr schimmelanfällig. Bei 0 °C max. 3 Tage. Tiefgefroren bis zu einem Jahr haltbar. Nur bei Verunreinigung waschen.

Gesundheit: Unterstützen tatkräftig die Leber beim Entgiften, festigen die Wände der ganz feinen Blutgefäße, helfen bei der Regeneration der Darmschleimhaut, haben eine allgemeine stoffwechselaktivierende Wirkung und sind gut bei Appetitlosigkeit, Blasenschwäche, Übelkeit, Schwäche und Blutarmut. Die Kerne fördern die Verdauung. Unterstützen die Knochenbildung, wichtig für den Stoffwechsel in den Muskeln, für alle Funktionen im Gehirn und in den Nerven, schützen Zellen vor Krebs!

Anwendung: Mit Quark und Honig zusammen gemischt eine gelungene Obstmahlzeit! Sud aus den Blättern hilft gegen Entzündungen von Zahnfleisch, Darmschleimhaut, Husten, Halsweh, Durchfall und anderen Infektionen.

Wichtigste enthaltene Nährstoffe: Eiweiß, Fett, Kohlenhydrate, Ballaststoffe (über 20 %), Wasser, Provitamin A, Vitamin E, Vitamin B1, Vitamin B2, Vitamin B6, Folsäure, Vitamin C (über 20 %), Natrium, Kalium, Kalzium, Magnesium, Phosphat, Eisen, Jod.

Kartoffeln (Grenzfall)

Lagerung und Vorbereitung: Bei Raumtemperatur lagern. Schälen, grüne Stellen großzügig entfernen und **kochen**. Nur reife und einwandfreie Kartoffeln verwenden.

Gesundheit: Kartoffeln gehören zur Familie der Nachtschattengewächse und sind im rohen oder keimenden Zustand wegen des enthaltenen Solanins schwach giftig. Sie dürfen deshalb nur gekocht gefüttert werden!

Anwendung: Nur gekocht und eher selten füttern. Das Kochwasser wegschütten.

Kartoffeln sind gute Sattmacher, wir halten sie aber in der Hundeernährung für verzichtbar!

Wichtigste enthaltene Nährstoffe: Wasser, Kohlenhydrate (Stärke), Eiweiß, Fett, Ballaststoffe, Vitamin B1, B2, B6, Vitamin C, Niacin, Panthothensäure, Kalium, Kalzium, Magnesium, Phosphor, Eisen, Zink.

Mais

Lagerung und Vorbereitung: Bei warmer Lagerung verliert Mais innerhalb von 24 Stunden 50 % der Süße. Im Gemüsefach des Kühlschranks zwei bis drei Tage haltbar, blanchiert und danach eingefroren ca. acht Monate. Besser auf eingelegten Mais ausweichen.

Gesundheit: Wichtiges Getreide für Menschen, die kein Gluten (Klebereiweiß in heimischen Getreiden) vertragen (Zöliakie). Gut zum Abnehmen (wegen der Ballastoffe) und für Zuckerkranke, weil Maiszucker nur ganz langsam ins Blut geht. Naturärzte empfehlen ihn bei chronischem Nierenleiden. Die »Barthaare« aus den Hüllen ergeben einen super Tee gegen Nieren- und Blasenerkrankungen, zur Entwässerung und Beruhigung.

Anwendung: Ab und zu unter den Gemüsebrei.

Wichtigste enthaltene Nährstoffe: Eiweiß, Fett, Kohlenhydrate, Ballaststoffe, Wasser, Provitamin A, Vitamin E, Vitamin B1, Vitamin B2, Vitamin B6, Folsäure, Vitamin C, Natrium, Kalium, Kalzium, Magnesium, Phosphat, Eisen, Jod.

Rote Bete

Lagerung und Vorbereitung: Bei maximal + 3 °C ca. sechs Monate lagerfähig. Im Gemüsefach des Kühlschranks ca. drei bis vier Wochen.
Roh gut waschen, dabei den Blattansatz nicht verletzen – danach schälen und reiben.

Gesundheit: Wintergemüse mit meist hohem Nitratgehalt. Aus diesem Grund *immer* viel natürliches Vitamin C dazu!

Wichtigste enthaltene Nährstoffe: Hoher Gehalt an »Betazyanen« (bestimmen die rote Farbe und gelten als verantwortlich für die vielfältige Heilwirkung), Vitamine der B-Gruppe, Vitamin C, Folsäure, Eisen, Natrium, Kalium, Kalzium, Phosphor, Magnesium, Vitamin A, Vitamin E.

Rucola

Lagerung und Vorbereitung: Im Kühlschrank lagern. Kurz waschen, nicht wässern!

Gesundheit: Der hohe Vitamin C-Gehalt wirkt gegen »freie Radikale«, stärkt das Immunsystem und einige Bitterstoffe wirken sogar bakterientötend.

Anwendung: Nicht zu oft unter den Gemüsebrei!

Wichtigste enthaltene Nährstoffe: Hoher Vitamin C-Gehalt. Natrium, Kalium, Kalzium, Eisen, hoher Vitamin A-Gehalt, B-Vitamine.

Salatgurken

Lagerung und Vorbereitung: Bei Raumtemperatur lagern. Sehr kälteempfindlich, nicht unter + 7 °C lagern! Im Gemüsefach halten sie sich einen bis zwei Tage, besser noch bei 13 - 15 °C (ca. eine Woche). Nicht mit Äpfeln, Kiwis und Tomaten zusammen lagern! Die Enden immer abschneiden, da sie etwas bitter sind. Gut waschen.

Gesundheit: Gurken wirken harntreibend und durch den Basenüberschuss harnstofflösend. Energiearmes Gemüse.

Anwendung: Die meisten Vitamine und Mineralstoffe stecken in der Schale, gehen aber durch das Schälen leider verloren!

Wichtigste enthaltene Nährstoffe: Eiweiß, Fett, Kohlenhydrate, Ballaststoffe, Wasser, Provitamin A, Vitamin E, Vitamin B1, Vitamin B2, Vitamin B6, Folsäure, Vitamin C, Natrium, Kalium, Kalzium, Magnesium, Phosphat, Eisen, Jod.

Blumenkohl

Lagerung und Vorbereitung: Wintergemüse! Dunkel und schonend lagern, da Flecken und Druckstellen die Qualität mindern. Im kühlen Keller oder Kühlschrank (Gemüsefach) einen bis zwei Tage haltbar. Ca. 10 Minuten in Salzwasser einlegen, damit evtl. vorhandene Raupen an die Oberfläche kommen.

Gesundheit: Blumenkohl ist leicht verdaulich und enthält »krebshemmend« wirkende Glucosinolate.

Anwendung: Grüner Blumenkohl und Romanesco haben einen höheren Anteil der Inhaltsstoffe.

Wichtigste enthaltene Nährstoffe: Wasser, Vitamin C, Kalium, Magnesium, Kalzium, Phosphor, Eisen, Vitamin A, Vitamin E, B-Vitamine.

Lammfleisch

Gesundheit: Reichhaltig an Eiweiß, hohe Anteile an Vitamin A, B und C sind hervorzuheben. Niedriger Fettanteil (je nach Alter und Fleischteil).
Zartes und gut verträgliches Fleisch.

Wichtigste enthaltene Nährstoffe: Vitamin A, hoher Anteil an B-Vitaminen (besonders B12), Vitamin C, Niacin, Kalzium, Natrium, Eisen, Kalium.

Ziegenfleisch/Schaffleisch

Gesundheit: Relativ fettarm und gut verträglich, daher auch für allergische Hunde geeignet! Enthält sehr gut verträgliches und verwertbares Protein.

Anwendung: Gewolft unter den Gemüsebrei.

Wichtigste enthaltene Nährstoffe: Vitamin A, B-Vitamine, Vitamin E, Kalzium, Kalium, Magnesium, Natrium, Phosphor, Eisen, Kupfer, Mangan, Zink.

Wildfleisch (Reh, Hirsch)

Gesundheit: Leicht verdauliches Eiweiß.

Anwendung: Gewolft unter den Gemüsebrei.

Wichtigste enthaltene Nährstoffe: Vitamin A, C, D und E, B-Vitamine, Kalzium, Phosphor, Schwefel, Chlor, Kalium, Natrium, Zink, Mangan, Kupfer, Eisen.

Hasenfleisch/Hauskaninchen

Gesundheit: Enthält sehr gut verträgliches und verwertbares Protein.

Anwendung: Je nach Größe des Hundes kann auch mal ein halbes Kaninchen samt Innereien gefüttert werden.

Wichtigste enthaltene Nährstoffe: Vitamin A, C, D und E, Vitamine der B-Gruppe, Vitamin K, Kalzium, Kalium, Magnesium, Natrium, Phosphor, Eisen, Kupfer, Mangan, Zink.

Leber

Gesundheit: Eiweißreich, phosphorreich und fettarm, enthält u. a. hohe Anteile Vitamin A, allerdings auch schwer verdauliches Glykogen. Leber wirkt in größeren Mengen abführend. Kann bei übermäßiger Fütterung seine positiven Eigenschaften durchaus ins Gegenteil verkehren und somit auch Krankheiten begünstigen. Bei trächtigen Hündinnen in Maßen.

Anwendung: Einmal pro Woche.

Wichtigste enthaltene Nährstoffe: Vitamin A, Vitamine der B-Gruppe, Vitamin C, D und E, Natrium, Kalium, Kalzium, Magnesium, Phosphor, Schwefel, Chlor, Eisen, Zink, Kupfer, Mangan, Fluor.

Lunge

Gesundheit: Fettarm, daher gut für etwas pummelige Hunde als »Füllsubstanz« geeignet.

In Maßen und besser aus biologischer Haltung füttern.

Wichtigste enthaltene Nährstoffe: Natrium, Kalium, Kalzium, Phosphor, Eisen, Vitamin A, Vitamin E, B-Vitamine, Vitamin C.

Fleischige Rinderknochen

Gesundheit: Versorgt den Organismus des Hundes mit natürlichem Kalzium. Fleischige Knochen deshalb, weil der Organismus das Fleisch braucht, um die Magensäfte anzuregen, die bei der Zerlegung helfen. Also immer auf ausreichend Fleisch achten!

Tipp: Besser Knochen von jungen Schlachttieren füttern. Brustknochen sind besonders gut geeignet. Bei Schlingern am besten große Knochen füttern, oder in kleine Stücke hacken!

Kalbsschwanz

Gesundheit: Wenig Muskelfleisch, einzelne miteinander verbundene, harte, knorpelige Stücke.

Putenhals

Siehe Seite 30: »Hühnerhälse, Hühnerflügel und Hühnerrücken«.

Fleischige Pferdeknochen

Gesundheit: Besonders gut für empfindliche und zu Allergien neigende Hunde.

Tipp: Kein Muss, ist aber eine gute Alternative zu herkömmlichen Knochen.

Rindermarkknochen

Gesundheit: Bieten eine schöne, lange und schmackhafte Beschäftigung.

Anwendung: Gut als »Zahnbürste« geeignet.

Frischer Fisch wie Thunfisch, Dorsch usw.

Gesundheit: Die Fettsäuren sind gut für die Herz- und Gehirnfunktion und stärken gleichzeitig noch das Immunsystem. Hochwertiges Eiweiß, leicht verdaulich.

Tipp: Wird frischer, roher Fisch »komplett« gefüttert, liefert er eine optimal ausgewogene Nährstoffzufuhr.

Wichtigste enthaltene Nährstoffe: Omega 3-Fettsäuren, Jod, Natrium, Kalium, Kalzium, Phosphor, Magnesium, Eisen, Vitamin A, B-Vitamine, Niacin, Vitamin C.

Was zusätzlich ab dem 5./6. Monat gefüttert werden kann

Ananas

Lagerung und Vorbereitung: Bei Raumtemperatur lagern.
Das Fruchtfleisch von der stacheligen Haut entfernen und fein püriert unter den Obstbrei mischen.
Achtung! Nur süße Ananas verwenden und wegen des hohen Säureanteils nicht zu oft und zu viel!

Gesundheit: In der Ananas steckt das Enzym Bromelin, das die Eiweißspaltung und Fettverbrennung anregt. Sie hat einen hohen Vitamin C-Gehalt und damit jede gute Eigenschaft eines Radikalausbremsers. Leider hat sie einen sehr hohen Säuregehalt, daher auch hier: Nur überreif und supersüß zermanschen und nur selten in den Obstbrei.

Anwendung: Je nach Saison mischen wir das leckere Früchtchen in eine Obstmahlzeit zusammen mit Quark und Honig.

Wichtigste enthaltene Nährstoffe: Wichtige Enzyme, u. a. Bromelin, die die Verdauung anregen, Entzündungen hemmen und Ablagerungen an den Gefäßwänden abbauen, welche die Ursache für Arteriosklerose bilden.
Wasser, Fett, Vitamin C, Kalium, Magnesium, Phosphor, Eisen, Kupfer, Mangan, Zink, Jod, Carotin.

Heidelbeeren

Lagerung und Vorbereitung: Grundsätzlich nach dem Einkauf sofort auf schlechte Früchte untersuchen und gegebenenfalls aussortieren. Haltbarkeit im Kühlschrank maximal einen Tag, tiefgefroren bis zu zwölf Monate.
Sorgfältig kurz waschen und abtropfen lassen.

Gesundheit: Gilt als »Geheimwaffe«, ist noch nicht völlig erforscht. Entgiftet bei Durchfall, tötet schädliche Kolibakterien ab. Wirkt blutbildend. Hält Blutgefäße geschmeidig, besonders im Gehirn und in den Augen!
Anwendung: Mit Quark und Honig zusammen gemischt eine gelungene Obstmahlzeit!

Wichtigste enthaltene Nährstoffe: Eiweiß, Fett, Kohlenhydrate, Ballaststoffe, Wasser, Provitamin A, Vitamin E, Vitamin B1, Vitamin B2, Vitamin B6, Folsäure, Vitamin C (über 20 %), Natrium, Kalium, Kalzium, Magnesium, Phosphat, Eisen, Jod.

Johannisbeeren, rot und schwarz

Lagerung und Vorbereitung: Rote Johannisbeeren sind besser lagerfähig als schwarze. Verarbeitung noch am gleichen Tag! Immer mit Stielen waschen und gut abtropfen lassen, danach erst zupfen.

Gesundheit: Der hohe Vitamin C-Gehalt stärkt die körpereigenen Abwehrkräfte. Hält die Gefäße elastisch und schützt so vor Arteriosklerose. Weiterhin helfen die Beeren bei akutem Durchfall durch Vernichten von Kolibakterien. Sie stärken in kleinen Mengen das Immunsystem. Die roten und blauroten Pflanzenfarbstoffe (Anthozyane) haben eine heilungsfördernde Wirkung auf die Zell-, Gehirn-, Drüsen- und Stoffwechselfunktionen. Sie wirken harntreibend und blutreinigend, unterstützen die Leber, sie kräftigen das Zahnfleisch und helfen bei Zahnfleischblutungen!

Anwendung: Mit Quark und Honig zusammen gemischt eine gelungene Obstmahlzeit!

Wichtigste enthaltene Nährstoffe: Eiweiß, Fett, Kohlenhydrate, Ballaststoffe, Wasser, Provitamin A, Vitamin E, Vitamin B1, Vitamin B2, Vitamin B6, Folsäure, Vitamin C, Natrium, Kalium, Kalzium, Magnesium, Phosphat, Eisen, Jod.

Kirschen (süß)

Lagerung und Vorbereitung: Begrenzt lagerfähig. Bei hoher Luftfeuchtigkeit und + 1 °C ein bis zwei Wochen, im Kühlschrank zwei bis drei Tage.
Im stehenden Wasser gründlich, aber vorsichtig waschen, damit die Schale nicht platzt. Abtropfen lassen.

Gesundheit: Kirschen sind besonders bei jungen Hunden wirksam für den Aufbau von Knochen, Zähnen und Blut. Dunkle Farbstoffe sind wie Aspirin, bremsen Entzündungsstoffe in den Gelenken, lindern dadurch arthritische Beschwerden auf Dauer.

Anwendung: Mit Quark und Honig zusammen gemischt eine gelungene Obstmahlzeit!

Wichtigste enthaltene Nährstoffe: Eiweiß, Fett, Kohlenhydrate, Ballaststoffe, Wasser, Provitamin A, Vitamin E, Vitamin B1, Vitamin B2, Vitamin B6, Folsäure, Vitamin C, Natrium, Kalium, Kalzium, Magnesium, Phosphat, Eisen, Jod.

Kiwis

Lagerung und Vorbereitung: Im Kühlschrank aufbewahren. Nur die Schale entfernen.

Gesundheit: Kiwis kräftigen das Immunsystem, festigen die Blutgefäße, das Bindegewebe und regen die Muskeltätigkeit an – speziell den Herzmuskel! Sie sind blutreinigend, harntreibend, abwehrstärkend und unterstützen die Eiweißverdauung!

Anwendung: Überreif und geschält unter den Obstquark. Auch hier gilt wegen des erhöhten Säuregehaltes: Vorsicht bei Hunden mit Magenproblemen. Kiwi wird zusammen mit Quark mit der Zeit »bitter«. Aus diesem Grund darauf achten, dass der Hund sein gesundes Allerlei schnell verdrückt!

Wichtigste enthaltene Nährstoffe: Eiweißspaltendes Enzym »Actinidin« (iridorides

Monoterpen-Alkaloid) enthalten, Fett, Kohlenhydrate, Hoher Vitamin C-Gehalt (auf 100g/71mg), Kalium, Kalzium, Magnesium.

Mandarinen

Lagerung und Vorbereitung: Bei Raumtemperatur lagern.

Gesundheit: Aufgrund des hohen Vitamingehaltes hervorragend zur Stärkung der körpereigenen Abwehrkräfte und wegen des Vitamin C-Gehaltes besonders zur Vorbeugung von Infekten geeignet.

Anwendung: Äußerst selten mal unter die Obstspeise mischen. Wichtig: süßen. Mandarinen können Hunden mit Übersäuerungsproblemen Schwierigkeiten bereiten!

Wichtigste enthaltene Nährstoffe: Wasser, Fett, Kalium, Kalzium, Phosphor, Magnesium, Vitamin C, Natrium, Eisen, Vitamin A, Vitamine der B-Gruppe.

Orangen

Lagerung und Vorbereitung: Bei Raumtemperatur lagern.

Gesundheit: Orangen wirken blutreinigend, senken hohen Blutdruck und hohen Cholesterinspiegel. Stärken die körpereigene Abwehr. Beugen Infektionen durch Virenabwehr vor. Schützt die Zellen gegen »freie Radikale«, dichten feinste Blutgefäße ab und stärken die allgemeine Abwehr durch hohen Vitamin C-Gehalt, der allerdings schon innerhalb von 1 - 2 Stunden nach Zubereitung absinkt. Also wenn, dann reif und zügig verfüttern!

Anwendung: Äußerst selten, püriert und süß! Wie alle Zitrusfrüchte können säurevorbelastete Hunde Probleme bekommen!

Wichtigste enthaltene Nährstoffe: Wasser, Vitamin C, Vitamin B1/B2, Nicotinamid, Eiweiß, Kohlenhydrate. Ballaststoffe, Fruchtsäuren.

Pfirsiche

Lagerung und Vorbereitung: Im Kühlschrank lagern. Sehr druckempfindlich, faulen an diesen Stellen. Bei 0 °C je nach Sorte ca. zwei bis sechs Wochen lagerfähig.
Gründlich mit heißem Wasser waschen.

Gesundheit: Wirkt leicht harntreibend und abführend, regt die Verdauung an!

Wichtigste enthaltene Nährstoffe: Eiweiß, Fett, Kohlenhydrate, Ballaststoffe, Wasser, Provitamin A (über 20 %), Vitamin E, Vitamin B1, Vitamin B2, Vitamin B6, Folsäure, Vitamin C, Natrium, Kalium, Kalzium, Magnesium, Phosphat, Eisen, Jod.

1. Pflaumen; 2. Mirabellen; 3. Zwetschen

Lagerung und Vorbereitung: 1. Die Lagerung ist sortenabhängig. Im Kühlschrank zwei bis drei Tage, maximal eine Woche. Tiefgefroren bis zu zwölf Monate haltbar. Heiß und kalt abwaschen.
2. Rasch verderblich! Kühl und bei hoher Luftfeuchtigkeit im Folienbeutel ca. zwei bis drei Tage haltbar. Gut waschen.
3. Vor allem späte Sorten sind lange lagerfähig. Bei ca. 0 °C und 90 % Luftfeuchtigkeit gut acht Wochen haltbar, eingefroren bis zu zwölf Monate. Heiß und kalt abwaschen und reiben.

Gesundheit: Fördern die Verdauung, den Abtransport von Giftstoffen aus dem Darm. Anregung von Magensaft und Speichel. Senken Fieber. Die Fruchtsäuren der Pflaumen fördern die Sekretion der Speicheldrüsen und des Magensaftes und wirken appetitanregend. Da sie sehr salzarm sind, werden sie in der Humanmedizin für Kreislauf-, Nieren-, Leber-, Rheuma- und Gichtkranke empfohlen!

Anwendung: Mit Quark und Honig zusammen gemischt eine gelungene Obstmahlzeit. Die etwas harten Pflaumenhäute enthalten viel schwer verdauliche Zellulose, die im Darm Gärungen provozieren kann, daher sollte man das Füttern roher Pflaumen (die immer überreif und süß sein sollten) nicht übertreiben und keine Flüssigkeit dazugeben!

Wichtigste enthaltene Nährstoffe: Eiweiß, Fett, Kohlenhydrate, Ballaststoffe, Wasser, Provitamin A, Vitamin E, Vitamin B1, Vitamin B2, Vitamin B6, Folsäure, Vitamin C, Natrium, Kalium, Kalzium, Magnesium, Phosphat, Eisen, Jod.

Wirsing

Lagerung und Vorbereitung: Nur »knackig« aussehenden kaufen! Im Kühlschrank ca. sechs Tage haltbar. Blanchiert und danach eingefroren ca. acht bis zehn Monate. Gründlich waschen, da sich leicht Schmutz und Schadstoffe ablagern. Blätter einzeln ablösen und waschen – Strunk herausschneiden.

Gesundheit: Kohl ist besonders wertvoll durch seinen hohen Vitamin C-Gehalt und trägt damit zur Stärkung des Immunsystems und der Abwehr bei.

Anwendung: Ab und an unter den Gemüsebrei – besser blanchiert.
Achtung: Sehr gär- und blähfähig!

Wichtigste enthaltene Nährstoffe: Eiweiß, Fett, Kohlenhydrate, Ballaststoffe, Wasser, Provitamin A, Vitamin E, Vitamin B1, Vitamin B2, Vitamin B6, Folsäure (über 20 %), Vitamin C (über 20 %), Natrium, Kalium, Kalzium, Magnesium, Phosphat, Eisen, Jod.

Spinat

Lagerung und Vorbereitung: Im Kühlschrank lagern. In ein nasses Tuch eingewickelt maximal zwei Tage. Blanchiert, gehackt und danach tiefgekühlt bis zu einem Jahr haltbar.
Welke Blätter aussortieren, Stiele abschneiden. Mit kaltem Wasser gründlich waschen und gut abtropfen lassen.

Gesundheit: Das enthaltene Sekretin regt vor allem die Bauchspeicheldrüse an. Bitterstoffe unterstützen die Verdauung, stärken Herz, Nerven, Leber. Spinat fördert stark die Blutbildung, kräftigt das Immunsystem. Karotinoide machen schöne gesunde Haut, verbessern die Sehkraft. Hilft gegen Ekzeme, chronische Verstopfung, fördert das Wachstum, macht stabile Knochen. *Offizielles Krebsschutz-Gemüse in den USA!*

Anwendung: Wie Mangold, besser blanchiert, immer Vitamin C und wegen der Kalziumaufnahme etwas Quark dazu (man denke an den Blubb)!
Aber auch hier gilt: Tolles Gemüse, aber speichert sehr viel Nitrat aus dem Boden. Das Entfernen der Stängel und Blattrippen ist zwar mühsam, senkt allerdings den Nitratgehalt. Weiterhin bindet der Oxalsäuregehalt Kalzium und begünstigt die Entstehung von Harnsteinen.

Wichtigste enthaltene Nährstoffe: Eiweiß, Fett, Kohlenhydrate, Ballaststoffe, Wasser, Provitamin A (über 20 %), Vitamin E, Vitamin B1, Vitamin B2, Vitamin B6, Folsäure, Vitamin C (über 20 %), Natrium, Kalium (über 20 %), Kalzium, Magnesium, Phosphat, Eisen (über 20 %), Jod.

Sellerie

Lagerung und Vorbereitung: Im Kühlschrank etwa acht Tage haltbar. Kann zwar eingefroren werden, verliert aber dabei an Geschmack und Aussehen.
Unter fließendem Wasser mit einer harten Bürste abschrubben. Kappe und das Wurzelende abschneiden und den Sellerie schälen.

Gesundheit: Wegen des hohen Kaliumgehaltes kann Sellerie leicht harntreibend wirken und die enthaltenen ätherischen Öle lassen ihn für die Ernährung während einer homöopathischen Behandlung ausscheiden.
Anwendung: Aus Beobachtungen wissen wir, dass Sellerie wegen seines guten Geschmacks eine Mahlzeit regelrecht »aufpeppen« kann.
Tipp: Hat man vor, ein Blutbild anfertigen zu lassen, so sollte man Tage zuvor keinen Sellerie unter die Mahlzeit mischen – er kann die Nierenwerte verändern!

Wichtigste enthaltene Nährstoffe: Eiweiß, Fett, Kohlenhydrate, Ballaststoffe, Wasser, Provitamin A, Vitamin E, Vitamin B1, Vitamin B2, Vitamin B6, Folsäure, Vitamin C, Natrium, Kalium, Kalzium, Magnesium, Phosphat, Eisen, Jod.

Sauerkraut

Lagerung und Vorbereitung: Fertig gegart und eingefroren ca. drei Monate haltbar. In roher Form am gesündesten! Nicht länger als 20 Minuten garen.

Gesundheit: Früher wichtiges Hilfsmittel der Seefahrer gegen Skorbut (Vitamin C-Mangel). Hilfreich bei Verstopfungen.

Wichtigste enthaltene Nährstoffe: Eiweiß, Fett, Kohlenhydrate, Ballaststoffe, Wasser, Provitamin A, Vitamin E, Vitamin B1, Vitamin B2, Vitamin B6, Folsäure, Vitamin C, Natrium, Kalium, Kalzium, Magnesium, Phosphat, Eisen, Jod.

1. Rotkohl; 2. Weißkohl

Lagerung und Vorbereitung: 1. Am Stück ca. acht Tage im Kühlschrank haltbar – angeschnitten maximal drei Tage. Blanchiert und tiefgekühlt acht bis zehn Monate.
2. Am Stück ca. acht Tage im Kühlschrank haltbar – fertig gegart kann er eingefroren werden.
Äußere Blätter ablösen und Kopf vierteln. Strunk schräg abschneiden und anschließend gut waschen.

Gesundheit: Bremst Entzündungen, beugt Krebs vor. Ballaststoffe regen den Darm an. Wirkt auch blutverdünnend. Wenn man Weißkohl kocht, erhöht sich sein Vitamingehalt sogar noch. Den enthaltenen Senfölen wird eine krebsvorbeugende und antimikrobielle Wirkung zugeschrieben.

Anwendung: In kleinen Mengen einmal wöchentlich klein püriert, Vitamin C und Öl dazu und fertig. Kohlsorten haben die unangenehme Nebenwirkung, dass sie im Darm oft schlimme Blähungen verursachen, was für Hund und Mensch sehr unangenehm sein kann.

Wichtigste enthaltene Nährstoffe: Eiweiß, Fett, Kohlenhydrate, Ballaststoffe, Wasser, Provitamin A, Vitamin E, Vitamin B1,Vitamin B2, Vitamin B6, Folsäure, Vitamin C (über 20 %), Natrium, Kalium, Kalzium, Magnesium, Phosphat, Eisen, Jod.

Mangold

Lagerung und Vorbereitung: Luftig, kühl und bei hoher Luftfeuchtigkeit lagern. In ein nasses Tuch eingewickelt hält sich Mangold höchstens zwei Tage im Kühlschrank. Blanchiert und danach eingefroren ca. zehn bis zwölf Monate.
Gründlich waschen! Erde und Sand setzen sich besonders in den Rillen und Stielen fest. Stiele entfernen.

Gesundheit: Ähnlich wie Spinat, Grünkohl und Feldsalat enthält Mangold hohe Mengen an Pflanzenfarbstoffen aus der Gruppe der Karotene. Sie schützen die Zellen und Schleimhäute und gelten als wirksame Helfer gegen Krebs. Zusammen mit Vitamin E und weiteren Pflanzenfarbstoffen wirken sie Krebsauslösern entgegen!

Anwendung: Ab und zu unter den Gemüsebrei.
Mangold enthält wie Spinat viel Oxalsäure und aus diesem Grund gehört eine ordentliche Portion Vitamin C (Acerola) untergemischt. Auch enthält Mangold wie Spinat und Rote Bete meist viel Nitrat, das sich in gesundheitsschädliches Nitrit umwandeln kann. Daher selten verfüttern und wenn, dann wie bereits erwähnt, viel Vitamin C dazu!

Wichtigste enthaltene Nährstoffe: Eiweiß, Fett, Kohlenhydrate, Ballaststoffe, Wasser, Provitamin A, Vitamin E, Vitamin B1, Vitamin B2, Vitamin B6, Folsäure, Vitamin C, Natrium, Kalium, Kalzium, Magnesium, Phosphat, Eisen, Jod.

Kürbis

Lagerung und Vorbereitung: In kühlen und trockenen Räumen bis zu drei Monaten haltbar. Waschen, Kerne entfernen und schälen.

Gesundheit: Neutralisiert Säureüberschuss im Körper, lindert Verstopfung. Kürbiskerne (aus Medizin-Kürbis) enthalten cholesterinsenkende Phytosterine und viel Zink.

Anwendung: Ab und zu unter den Gemüsebrei.

Wichtigste enthaltene Nährstoffe: Eiweiß, Fett, Kohlenhydrate, Ballaststoffe, Wasser, Provitamin A (über 20 %), Vitamin E, Vitamin B1, Vitamin B2, Vitamin B6, Folsäure, Vitamin C, Natrium, Kalium, Kalzium, Magnesium, Phosphat, Eisen, Jod.

Kohlrabi

Lagerung und Vorbereitung: Im Kühlschrank ca. drei Tage haltbar. Blanchiert und danach eingefroren ca. sieben bis neun Monate.
Tipp: Auch hier gilt: Blätter unmittelbar nach dem Kauf entfernen. Weiße Knollen werden schneller holzig als blaue.
Gut waschen, schälen, holzige Stellen entfernen.
Gesundheit: In den Blättern stecken weitaus mehr Nährstoffe als in den Knollen, insbesondere Mineralstoffe, Phosphor und Carotinoide.

Anwendung: Schälen und fein pürieren. Allerdings mit Blähfähigkeit, weshalb man bei etwas magenkranken Hunden aufpassen sollte.

Wichtigste enthaltene Nährstoffe: Eiweiß, Fett, Kohlenhydrate, Ballaststoffe, Wasser, Provitamin A, Vitamin E, Vitamin B1, Vitamin B2, Vitamin B6, Folsäure, Vitamin C (über 20 %), Natrium, Kalium, Kalzium, Magnesium, Phosphat, Eisen, Jod.

Grünkohl

Lagerung und Vorbereitung: Wie bei allen Blattgemüsen schwierig. Verarbeitung wenn

möglich unmittelbar – ansonsten Lagerung knapp unter 0 °C. Blanchiert und danach tiefgekühlt ca. acht bis zehn Monate haltbar.
Strünke abschneiden und in warmem Wasser waschen. Gerade in den Blättern bleiben nicht nur Sand, sondern auch Schadstoffe hängen. Welke Blätter abschneiden.

Gesundheit: Ideales Wintergemüse! Stärkt den Organismus und schützt die Körperzellen vor Oxidationsprozessen, hemmt Krebsauslöser.

Anwendung: Wegen der blähenden Wirkung von Kohl geben wir ihn höchstens einmal die Woche püriert unter den Gemüsebrei.

Wichtigste enthaltene Nährstoffe: Eiweiß, Fett, Kohlenhydrate, Ballaststoffe, Wasser, Provitamin A, Vitamin E, Vitamin B1, Vitamin B2, Vitamin B6, Folsäure, Vitamin C, Natrium, Kalium, Kalzium, Magnesium, Phosphat, Eisen, Jod.

Bohnen (Garten, grün)

Lagerung und Vorbereitung: Im Kühlschrank lagern. Gartenbohnen verderben sehr schnell. Optimal gelagert maximal zehn Tage haltbar.
Waschen und kochen.
Wichtig! Da Bohnen Phasin enthalten, sind sie roh ABSOLUT giftig! Wenn Bohnen gefüttert werden, dann immer gekocht, eingelegt oder blanchiert.

Gesundheit: Bohnen sind besonders resistent gegen schädliche Umwelteinflüsse und nehmen nur wenig Schadstoffe auf, die auch nur auf der Hülse bleiben und durch gründliches Waschen entfernt werden können. Frische, gekochte Bohnen sind leicht verdaulich. Sie fördern die Verdauung, regen die Blutbildung an, reich an Nikotinsäure. Quercetin bewahrt Vitamin C im Körper vor Zerstörung und Polyphenole gelten als krebshemmend!

Anwendung: Man kann, muss aber nicht Bohnen füttern! Bei uns gibt es sie höchstens einmal im Monat entweder aus der Dose eingelegt oder eben frisch gedünstet wegen des Phasingehaltes – dann klein püriert und ab unter das Gemüse Fazit: Kein MUSS, aber möglich!
Bei Hunden, die leicht zu Blähungen neigen, eher selten und wenig füttern!

Wichtigste enthaltene Nährstoffe: Eiweiß, Fett, Kohlenhydrate, Ballaststoffe, Wasser, Provitamin A, Vitamin E, Vitamin B1, Vitamin B2, Vitamin B6, Folsäure, Vitamin C (über 20 %), Natrium, Kalium, Kalzium, Magnesium, Phosphat, Eisen, Jod.

Brokkoli

Lagerung und Vorbereitung: Besser sofort verarbeiten, da er schnell welk wird. Im Kühlschrank höchstens zwei Tage. Bei 1 °C maximal drei Wochen lagerfähig. Blanchiert und tiefgekühlt etwa zwölf Monate haltbar.

Anmerkung: Gelbgrüner Brokkoli wurde falsch gelagert!
Sehr gut waschen, am besten 30 Minuten in kaltes Salzwasser einlegen, damit Insekten an die Oberfläche treten und entfernt werden können.

Gesundheit: Flavone und vor allem Sulforaphan sollen das Krebsrisiko senken, das viele Karotin macht starke Nerven, gute Augen und schöne Haut. Kalzium macht die Knochen fest. Brokkoli ist allerdings wegen der enthaltenen Bitterstoffe nicht zu oft unterzumischen. Schonkost!

Anwendung: Einmal pro Woche höchstens unter den Gemüsebrei mit einem Schuss Öl und einem Löffel Vitamin C in Form von Acerola oder Hagebuttenpulver.

Wichtigste enthaltene Nährstoffe: Eiweiß, Fett, Kohlenhydrate, Ballaststoffe, Wasser, Provitamin A (über 20 %), Vitamin E, Vitamin B1, Vitamin B2, Vitamin B6, Folsäure (über 20 %), Vitamin C (über 20 %), Natrium, Kalium, Kalzium, Magnesium, Phosphat, Eisen, Jod.

Rosenkohl

Lagerung und Vorbereitung: Im Gemüsefach des Kühlschranks ca. zwei bis drei Tage haltbar.
Waschen, Strunk abschneiden, welke Blätter ablösen und kurz blanchieren.

Gesundheit: Dieser »Brüssler Kohl« ist reich an Vitaminen, Mineralstoffen und Glucosinolaten und ein idealer Winterbegleiter. Der hohe Kaliumanteil entwässert und die Spaltprodukte der Glucosinolate beugen Krebs vor.

Anwendung: Kurz blanchiert mit etwas Quark unter den Gemüsebrei.

Wichtigste enthaltene Nährstoffe: Ballaststoffe, sekundäre Pflanzenstoffe, reichhaltig an Glucosinolaten, Wasser, Vitamin C, Vitamine der B-Gruppe, Beta-Karotin, Folsäure, Kalium, Kalzium, Eisen.

Rinderkehlköpfe

Gesundheit: Knorpel und Fleisch bieten Beschäftigung und sind voll verdaulich.

Wichtig: Bei Hunden mit empfindlichem Magen-Darm-Trakt wenig und eher selten füttern. Bei zu viel kann es leicht zu Durchfall kommen!

Ochsenschwanz

Gesundheit: Wenig Muskelfleisch, einzelne miteinander verbundene, harte, knorpelige Stücke.
Tipp: Eher für »erfahrene« B.A.R.F.er.

Strosse (Luftröhre)
Gesundheit: Knorpelspangen. Bieten Beschäftigung und sind voll verdaulich!

Kaninchenköpfe
Gesundheit: Zwar etwas gewöhnungsbedürftig, aber gut zu füttern.

Anwendung: Wer Kaninchenköpfe nicht am Stück füttern möchte, kann diese in kleine Stücke hacken.

Kräuter - gesund in Maßen!

Grundsätzlich können wir nur empfehlen, bei der gut gemeinten Fütterung von Kräutern in der ständig erweiterten Giftdatenbank der Universität Zürich im Internet (siehe Anhang) nachzuschauen, wie die Verträglichkeit des ausgesuchten Krautes ist. Zwar spielt die Menge eine große Rolle, doch sollte man den ätherischen Ölgehalt eines Krautes, der im Mixer durch die Zerkleinerung voll zur Geltung kommt, beachten. Weniger ist in diesem Falle mehr, da die guten Eigenschaften der ätherischen Öle bei einer Überfütterung ins Gegenteil verkehrt werden. Besonders bei trächtigen Hündinnen ist für manche Kräuter Zurückhaltung angesagt. In kleinsten Mengen bewährt haben sich unter anderem:

Basilikum: Anti-Stress Kraut
Nerven- und Körperzellen werden vor Stress geschützt. Die Enzyme regen den Appetit an und helfen bei der Verdauung. Gut für mäkelige Fresser, Hunden mit Verdauungsproblemem und solche, die leicht zu Blähungen neigen.
Basilikum wirkt fördernd auf die Milchbildung und kann deshalb während der Säugeperiode ab und zu unter die Mahlzeit gemischt werden.

Wir empfehlen: Nicht an trächtige Hündinnen füttern.

Gartenkresse: Appetitanregedes Kraut
Weiterhin verdauungsfördernd und blutreinigend.

Kerbel: Stoffwechselkraut
Vertreibt Entzündungen im Körper, reinigt das Blut und hilft bei der Entgiftung von Leber und Nieren.

Wir empfehlen: Nicht an trächtige Hündinnen füttern.

Himbeerblätter

Blutreinigende Wirkung, helfen bei Durchfall und Magen-Darm-Problemen. Für die trächtige Hündin gilt: entspannende Wirkung auf die Gebärmutter, lockert etwas die Muskulatur; kann die Durchblutung der Plazenta verbessern; macht den Muttermund elastischer; kann die Geburt erleichtern.

Tipp: Wir empfehlen Himbeerblätter nur zum Ende und auf keinen Fall während der ganzen Trächtigkeit zu geben, da es sonst zum vorzeitigen Öffnen des Muttermundes kommen kann!

Brombeerblätter

Keim- und pilztötend, entzündungshemmend, helfen gut bei Husten und Bronchitis sowie bei Zahnfleischentzündungen und Durchfall.

Saisonaler B.A.R.F.-Spickzettel für Salat, Gemüse und Obst

Für alle, die saisonale Gemüse- und Obstportionen füttern möchten, hier eine kleine Hilfe, was wann gefüttert werden kann.

Januar	Februar	März	April	Mai	Juni
Kresse	Kresse	Kresse	Batavia	Batavia	Batavia
Chicorée	Chicorée	Chicorée	Kresse	Chinakohl	Chinakohl
Chinakohl	Chinakohl	Chinakohl	Chicorée	Endiviensalat	Eichblatt
Endiviensalat	Endiviensalat	Endiviensalat	Chinakohl	Eisbergsalat	Endiviensalat
Eisbergsalat	Eisbergsalat	Eisbergsalat	Endiviensalat	Feldsalat	Eisbergsalat
Feldsalat	Feldsalat	Feldsalat	Eisbergsalat	Römischer Salat	Feldsalat
Frisee	Frisee	Frisee	Feldsalat	Salatgurke	Römischer Salat
Grünkohl	Grünkohl	Löwenzahn	Frisee	Blumenkohl	Salatgurke
Karotten/Möhren	Karotten/Möhren	Grünkohl	Römischer Salat	Brokkoli	Blumenkohl
Kohlrabi	Kohlrabi	Karotten/Möhren	Salatgurke	Karotten/Möhren	Brokkoli
Rote Bete	Rote Bete	Kohlrabi	Karotten/Möhren	Kohlrabi	Karotten/Möhren
Zucchini	Zucchini	Rote Bete	Kohlrabi	Zucchini	Kohlrabi
Äpfel	Äpfel	Zucchini	Zucchini	Äpfel	Zucchini
Birnen	Birnen	Äpfel	Äpfel		Äpfel
		Birnen	Birnen		Aprikosen
					Heidelbeeren
					Himbeeren
					Stachelbeeren
					Erdbeeren

Juli	August	September	Oktober	November	Dezember
Batavia	Kresse	Kresse	Batavia	Batavia	Batavia
Chicorée	Chicorée	Chicorée	Kresse	Chinakohl	Chinakohl
Chinakohl	Chinakohl	Chinakohl	Chicorée	Endiviensalat	Eichblatt
Eichblatt	Endiviensalat	Endiviensalat	Chinakohl	Eisbergsalat	Endiviensalat
Endiviensalat	Eisbergsalat	Eisbergsalat	Endiviensalat	Feldsalat	Eisbergsalat
Eisbergsalat	Feldsalat	Feldsalat	Eisbergsalat	Römischer Salat	Feldsalat
Feldsalat	Frisee	Frisee	Feldsalat	Salatgurke	Römischer Salat
Römischer Salat	Grünkohl	Grünkohl	Frisee	Blumenkohl	Salatgurke
Salatgurke	Karotten/Möhren	Karotten/Möhren	Römischer Salat	Brokkoli	Blumenkohl
Blumenkohl	Kohlrabi	Kohlrabi	Salatgurke	Karotten/Möhren	Brokkoli
Brokkoli	Rote Bete	Rote Bete	Karotten/Möhren	Kohlrabi	Karotten/Möhren
Karotten/Möhren	Zucchini	Zucchini	Kohlrabi	Rote Beete	Kohlrabi
Kohlrabi	Äpfel	Äpfel	Zucchini	Zucchini	Rote Bete
Zucchini	Birnen	Birnen	Zuckermais	Äpfel	Zucchini
Zuckermais	Zuckermais	Brombeeren	Äpfel	Birnen	Äpfel
Äpfel	Brombeeren	Heidelbeeren	Birnen		Birnen
Aprikosen	Heidelbeeren	Himbeeren	Brombeeren		
Birnen	Himbeeren	Pfirsich	Pfirsich		
Brombeeren	Pfirsich	Pflaumen	Mirabellen		
Heidelbeeren	Pflaumen	Mirabellen	Erdbeeren		
Himbeeren	Stachelbeeren	Erdbeeren			
Pfirsich	Mirabellen				
Pflaumen	Erdbeeren				
Stachelbeeren					
Mirabellen					
Erdbeeren					

Futtermengen und Rationszusammensetzung

Fleisch, Innereien, Knochen, Salat, Gemüse- und Obstmahlzeit als »Komplettpaket« liefern

Bei der artgerechten Rohernährung simulieren wir in erster Linie das »Beutetier« als Ganzes. Da unsere Haushunde aber nicht mehr zu den »Selbstversorgern« gehören, übernehmen wir die Rolle der Zubereitung und Mengeneinteilung.

Fleisch, Innereien, Knochen und Mageninhalt (in diesem Fall aufgeschlossenes Gemüse, Salat, ein paar Kräuter und Obst) sollten auf lange Sicht hin alles liefern, was unsere Welpen für ein gesundes Heranwachsen benötigen. Um in etwa die benötigte Menge pro Tag bestimmen zu können, rechnen wir bei Welpen mit +/- 5 bis 7 % vom Körpergewicht (kg), mit zunehmendem Alter dann nur noch mit 2 bis 3 % vom kg. Aber auch das sind nur Richtwerte und nicht für alle Welpen, Junghunde und später erwachsenen Hunde passend!

Nicht nur Alter, sondern auch Gesundheitszustand, Aktivitätsgrad und vieles mehr bestimmen die tatsächliche Menge von Fleisch, Innereien, Knochen, Gemüse und Obst pro Tag. Aus diesem Grund empfehlen wir, die Formel nur als »Richtlinie« und NICHT als Gesetz zu betrachten.

Faustregel zur Mengenberechnung mit Abschluss der Entwöhnung von der Mutterhündin

5 - 7 % (+/-) vom Gewicht des Welpen (immer wieder dem Gewicht angepasst)	= Gesamtfuttermenge pro Tag
20 % der Gesamtfuttermenge	= Salat, Gemüse und Obst
80 % der Gesamtfuttermenge	= Fleisch und fleischige Knochen (Knochen ab der 6./7. Woche)

Die Menge an Fleisch und fleischigen Knochen nochmals unterteilt in:
20 - 25 % reine Fleischmahlzeit und 75 - 80 % rohe fleischige Knochen (siehe Liste).

Merke: Mit der Reduktion der Menge kann begonnen werden, wenn man merkt, dass die Welpen einen Teil ihrer Mahlzeit stehen lassen.

Faustregel zur Mengenberechnung für Junghunde und erwachsene Hunde

2 - 3 % vom Gewicht des Hundes (zu dünn 3 % / zu pummelig 2 % usw.)	= Gesamtfuttermenge pro Tag
25 % - 30 % der Gesamtfuttermenge	= Salat, Gemüse und Obst
70 - 75 % der Gesamtfuttermenge	= Fleisch und Knochen (RFK)

Die Menge an Fleisch und fleischigen Knochen wird nochmals unterteilt in:
25 - 30 % reine Fleischmahlzeit und 70 - 75 % fleischige Knochen

Kalzium und Phosphor – Auf lange Sicht die Waage halten!

Diese beiden Mineralstoffe bauen und stabilisieren das Skelett. Kalzium hat weitere Aufgaben wie die Nervenreizleitung, die Blutgerinnung (gering), Muskelkontraktion etc. Phosphor ist verantwortlich für den Fetttransport und ist auch ein Bestandteil der Zellkerneiweiße (besonders bei der Zellteilung/Vermehrung). Wird der Organismus des Hundes eine Zeitlang fehlernährt und sinken die Phosphor- oder Kalziumwerte drastisch ab, kann dieses Defizit bis zu einer gewissen Menge aus den Knochen ausgeglichen werden, was bei einer Dauerbelastung zu Schäden führen kann. Sind die Vorräte an den Knochenstoffen erschöpft, kann es zu Skelettschäden, Lahmheiten etc. kommen.

Allerdings sollte man auch beachten, dass auch eine Überversorgung beider Stoffe äußerst nachteilig für unsere Vierbeiner sein kann.

Kalziumüberschuss senkt die Fähigkeit zur Phosphorverwertung und vermindert die Aufnahmefähigkeit und Verwertung von Magnesium, Zink und Kupfer, so dass sich mit der Zeit Mangelerkrankungen einstellen.

Phosphorüberschuss hingegen verschlechtert die Aufnahme von Kalzium, Magnesium und Eisen, die Nieren müssen erhöhte Mengen verarbeiten und ausscheiden, was längerfristig zu Nierensteinen führen kann.

Das durchschnittliche ideale Kalzium/Phosphor-Verhältnis liegt bei 1,3 : 1

Ca/P-Verhältnis einzelner Produkte (Werte gerundet)[1] (s. Anhang)

Lebensmittel je 100 g verzehrbarer Anteil	Kalzium mg	Phosphor mg	Ca/P-Verhältnis
Fleisch roh			
Huhn/Suppenhuhn ohne Knochenteile	11	178	**1 : 16**
Hühnerherz	22	164	**1 : 8**
Truthahn	25	226	**1 : 9**
Kalb (Muskelfleisch)	13	198	**1 : 15**
Blättermagen	90	80	**1,1 : 1**
Pferdefleisch	13	185	**1 : 14**
Rind (Muskelfleisch)	4	194	**1 : 49**
Pansen, grün	120	130	**1 : 1,1**
Rinderleber	7	352	**1 : 50**
Rinderlunge	13	224	**1 : 17**
Rinderherz	9	195	**1 : 22**
Rinderblut	6	19	**1 : 3**
Rinderschlund	10	234	**1 : 23**
Hasenfleisch	14	220	**1 : 16**
Hirschfleisch	7	197	**1 : 28**
Rehfleisch (Keule)	5	220	**1 : 44**
Schaffleisch	16	165	**1 : 10**
Rinderknochen			**2,2 : 1**
Kehlkopf			**1 : 1,8**
Kalbsbrustknochen			**2,2 : 1**
Kalbsrippen			**2,2 : 1**
Kalbsschwanz			**2,2 : 1**

Lebensmittel je 100 g verzehrbarer Anteil	Kalzium mg	Phosphor mg	C/P-Verhältnis
Fisch roh			
Forelle	12	242	**1 : 20**
Seelachs	14	300	**1 : 21**
Lachs (Salm)	13	226	**1 : 21**
Makrele	12	238	**1 : 20**
Dorsch/Kabeljau	26	194	**1 : 8**
Milchprodukte			
Hüttenkäse	80	140	**1 : 1,75**
Buttermilch	109	90	**1,2 : 1**
Ziegenmilch	123	103	**1,2 : 1**
Joghurt 1,5 %	123	94	**1,3 : 1**
Nüsse/Kerne			
Cashewnuss	31	375	**1 : 12**
Walnuss	87	410	**1 : 5**
Paranuss	130	674	**1 : 5**
Haselnuss	225	330	**1 : 1,5**
Kürbiskerne	41	830	**1 : 20**
Gemüse			
Blumenkohl	22	54	**1 : 2,4**
Bohnen, grün, gekocht	50	37	**1,4 : 1**
Brokkoli	58	82	**1 : 1,4**
Chinakohl	40	30	**1,3 : 1**
Endiviensalat	54	54	**1 : 1**

Lebensmittel je 100 g verzehrbarer Anteil	Kalzium mg	Phosphor mg	C/P-Verhältnis
Feldsalat	32	49	**1 : 1,5**
Fenchel	109	51	**2,1 : 1**
Gartenkresse	214	38	**5,6 : 1**
Grünkohl	212	87	**2,4 : 1**
Gurken	15	23	**1 : 1,5**
Kartoffeln, gekocht	10	50	**1 : 5**
Knollensellerie	50	74	**1 : 1,5**
Kohlrabi	68	51	**1,3 : 1**
Kürbis	33	44	**1 : 1,3**
Mangold	103	39	**2,6 : 1**
Möhren	41	36	**1,1 : 1**
Rosenkohl, gekocht	32	76	**1 : 2,4**
Rote Bete, roh	29	45	**1 : 1,6**
Rote Bete, gekocht	22	36	**1 : 1,6**
Rotkohl	35	32	**1,1 : 1**
Spinat, gekocht	126	41	**3,1 : 1**
Weißkohl	45	36	**1,3 : 1**
Wirsing, gekocht	45	40	**1,1 : 1**
Zucchini	30	25	**1,2 : 1**
Zuckermais, gedämpft	7	93	**1 : 13**
Obst			
Ananas	16	9	**1,8 : 1**
Apfel, ungeschält	7	12	**1 : 2**
Apfelsine	42	22	**1,9 : 1**

Lebensmittel je 100 g verzehrbarer Anteil	Kalzium mg	Phosphor mg	C/P-Verhältnis
Aprikosen	17	22	**1 : 1**
Bananen	8	27	**1 : 1,3**
Birnen	9	13	**1 : 1**
Brombeeren	44	30	**1,5 : 1**
Erdbeeren	24	26	**1 : 1,1**
Heidelbeeren	10	13	**1 : 1**
Himbeeren	40	44	**1 : 1**
Johannisbeeren	29	27	**1,1 : 1**
Kirschen, süß	17	20	**1 : 1,2**
Kiwi	40	31	**1,3 : 1**
Mandarinen	33	19	**1,7 : 1**
Melone, grün	19	30	**1 : 1,6**
Mirabellen	12	33	**1 : 2,8**
Nektarinen	4	24	**1 : 6**
Pfirsich	8	21	**1 : 2,6**
Pflaumen	8	18	**1 : 2,3**
Wassermelone	8	11	**1 : 1,4**
Getreide			
Haferflocken, instant	51	415	**1 : 8,1**
Reis, gekocht	10	28	**1 : 2,8**
Sonstiges			
Hühnereigelb	140	590	**1 : 4,2**
Eierschale	36.600	150	**244 : 1**

Empfohlene Wachstumskurven[2] (siehe Anhang)

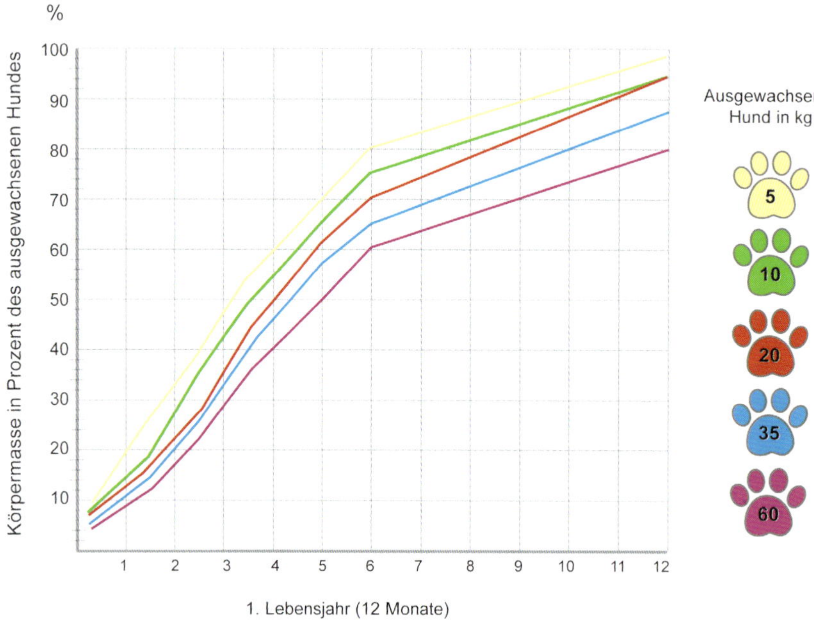

Empfohlene Wachstumskurven für das 1. Lebensjahr.

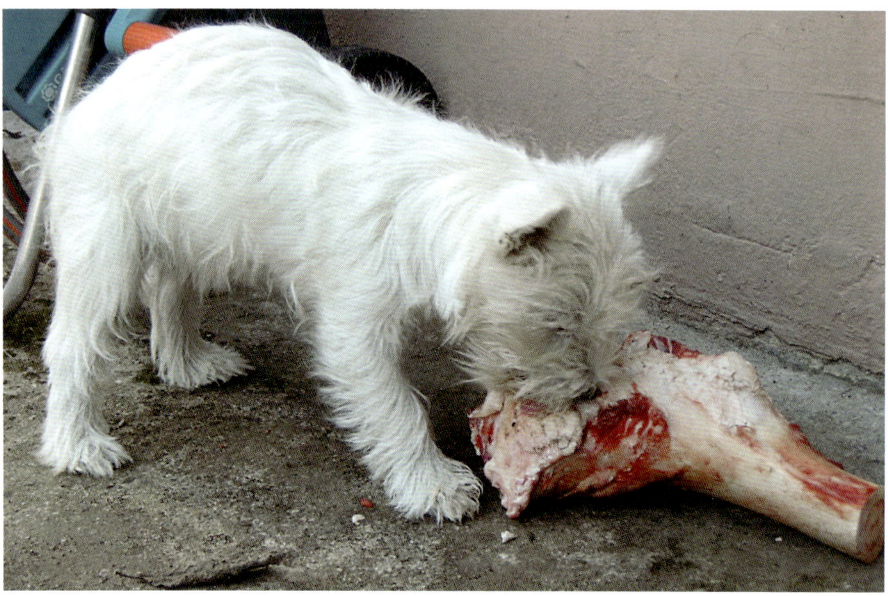

Gesunde Zusätze für einen erfolgreichen Start

Im Allgemeinen sollte also eine abwechslungsreiche Frischkost zur Gesunderhaltung der Welpen genügen, doch vom Qualitätsverlust unserer heutigen Obst- und Gemüsesorten hat sicher schon jeder einmal gehört – zumindest, wenn man Qualität im Sinne des Gehalt an Vitaminen, Mineralien und Spurenelementen versteht. Ausgelaugte Böden, Massenproduktion und viel zu kurze Reifezeiten lassen die Inhaltsstoffangaben an Nährwerten für unsere Frischprodukte immer älter aussehen. Daher sind wir dazu übergegangen, ab und zu ein paar natürliche Produkte beizumengen, welche die optimale Versorgung unserer Welpen von Anfang an absichern.

Hier das Wichtigste zusammengefasst

Perna Canaliculus

Ab und zu unters Futter gemischt ist die gemahlene neuseeländische Grünlippmuschelalge ein Powerbonbon für Skelett und Gelenke. Die enthaltenen Glykosaminoglykane stärken Sehnen, Bänder und Gelenke und leisten einen wichtigen Dienst für den heranwachsenden und später auch den erwachsenen und besonders den älteren Hund. Bei Arthrose, Arthritis und anderen Erkrankungen des Bewegungsapparats ist es ratsam, Perna Canaliculus als Kur unter die Mahlzeit zu mischen.
Wir empfehlen: Nicht für die trächtige Hündin.

Propolis

Bekommen alle unsere Hunde mindestens dreimal jährlich oder bei einer Krankheit als Kur im Gemüse aufgelöst – drei Wochen lang täglich eine Messerspitze voll ins Futter geben, das stärkt das Immunsystem und wehrt Pilze und Bakterien nachweislich ab (siehe Steingassner, Materia Medica).

Propolis enthält mindestens 30 Substanzen, die antimikrobiell wirken. Die Inhaltsstoffe sind Flavonoide (Galangin, Pinocembrin, Quercinin, Apigenin, Halangin, Ruthin), die bakterizid, fungizid und viruzid wirken.

In groß angelegten Versuchen wurde bewiesen, dass die kurmäßige Gabe von Propolis sowohl das Immunsystem als auch das Allgemeinbefinden von Tieren, die Resistenz und die antibiotische Wirkung verstärkt.

Außerdem hat Propolis eine antithrombogene, kreislaufanregende, entzündungshemmende, krampflösende und lokalanästhetische Wirkung.

Alles in allem ein geniales Naturprodukt, welches das Immunsystem stärkt, bei Infekten und Krankheiten eingesetzt werden kann, das Allgemeinbefinden verbessert, entzündungshemmend große Dienste leistet und im Gegensatz zu normalen Antibiotika keine Resistenzen verursacht.
Wir empfehlen: Nicht für die trächtige Hündin.

Vitamin C

Obwohl der hündische Organismus im Gegensatz zum menschlichen Vitamin C selbst synthetisieren kann, empfehlen wir, Acerola oder auch Hagebuttenpulver ab und zu unter die Mahlzeit zu mischen.

Vorteile von natürlichem Vitamin C sind:

- Gute Unterstützung bei Lebererkrankungen
- Hilft, Giftstoffe aus dem Körper zu leiten
- Gut für die Gesunderhaltung von Haut, Knochen, Stoffwechsel, Augen und Zahnfleisch
- Verhindert eine Oxidation von Folsäure und Vitamine E
- Verantwortlich für den Cholesterinabbau im Körper
- Neutralisiert malonsäurehaltige Lebensmittel
- Hemmt die Bildung von Nitrosaminen
- Verbessert die Wundheilung
- Wirkt optimal bei Stress
- Kann eine Präeklampsie (Vorstufe der Eklampsie, einer schweren Trächtigkeitserkrankung) verhindern

Anmerkung:
In dem Buch »Mit Linus Paulings Forschungsergebnissen – Gesund werden, Gesund bleiben« schreibt der Autor H. Lange über Vitamin C:

»Mitte 2004 berichtete der Economist (britische Wochenzeitung) über ein Forschungsergebnis mit Hunden, die an Alzheimer – Demenz erkrankt waren. An diese Tiere wurden sehr hohe Dosen Vitamin C verfüttert. Die Krankheit wurde nicht nur gestoppt, sondern geheilt.«
und weiterhin:
»Im Juni 2005 wurde das Ergebnis eines Forschungsteams des National Institut of Health in Bethesda veröffentlicht. Den Wissenschaftlern war die Aufgabe gestellt worden zu erforschen, welche Wirkung hoch dosiertes Vitamin C im Blut auf Tumorzellen und gesunde Zellen im menschlichen Körper hat. Sie fanden heraus, dass Vitamin C die Krebszellen zerstört, während gesunde Zellen völlig ungeschädigt bleiben.«

Fazit:
Alles in allem ein hervorragendes Mittel, das wir unseren Hunden trotz Eigensynthese nicht vorenthalten sollten – zum Wohle der Gesundheit!

Aloe Vera

Diese kühlende Gel der australischen Heilpflanze Barbadensis Miller kann sowohl innerlich als auch äußerlich angewendet werden. Ob Juckreiz, Entzündungen oder Verbrennungen, Aloe Vera unterstützt bei Krankheiten wie Arthrose, Asthma, Augenerkrankungen, Diabetes Mellitus, Hepatitis, Gastritis, Fellproblemen, Juckreiz, Herzleiden,

Zahnerkrankungen, Verbrennungen und baut nach langen Antibiotika- und Kortisonbehandlungen die Darmflora wieder auf.

Der Hauptwirkstoff Acemannan, ein Kohlenhydrat aus der Gruppe der Vielfachzucker (Polysaccharide) fördert die Zellatmung (Verbrennung) und Zellaktivität und trägt weiterhin zu einer gesteigerten Entgiftungsfunktion bei. Hervorragend als Kur geeignet!
Wir empfehlen: Nicht für die trächtige und laktierende Hündin.

Chlorella

ist eine Süßwasseralge mit dem höchsten Anteil an Chlorophyll und gehört zu der Gruppe der Grünalgen. Sie wird in erster Linie zur Entgiftung von Schwermetallen wie Quecksilber, aber auch zur Ausleitung von Pestiziden und Insektiziden eingesetzt. Chlorella ist die »Körperpolizei« des Organismus: Sie fahndet im gesamten Körper nach Giftstoffen, die sich im Gewebe abgelagert haben und leitet diese über den Darm aus. Weiterhin fördert sie die Wundheilung, stützt die Leberfunktion und vertreibt u. a. Candida – Pilze aus dem Darm.

Spirulina

Diese Alge enthält unter anderem einen enorm hohen Anteil an essenziellen Aminosäuren (Bausteine des Eiweißes), ohne die durch ein Zuviel an Eiweiß bekannte Nebenwirkung zu zeigen. Viele Hunde leiden heutzutage oft unter einem Ungleichgewicht im Säuren-Basen-Haushalt. Durch die großen Mengen an basischen Mineralien in Spirulina kommt es aber trotz des hohen Gehaltes an Eiweiß nicht zur vermuteten Übersäuerung, sondern Spirulina wirkt dieser sogar regulierend und normalisierend entgegen.

Eiweiße sind unter anderem für den Aufbau von Zellen und die Bildung von Hormonen, Enzymen und Antikörpern notwendig. Ein Teil der im Eiweiß enthaltenen Aminosäuren sind für den Organismus essenziell. Spirulina enthält zusätzlich noch die für das Wachstum unserer Welpen unentbehrlichen Eiweißbausteine *Arginin* und *Histidin* und ist daher bereits zur Unterstützung in der Wachstumsphase von Vorteil.

Weiterhin hemmt Spirulina Viren und stärkt die Organe, die unsere Hunde für ein gesundes und intaktes Immunsystem benötigen – allen voran der Darm, der oft Entstehungsort für eine Krankheit ist.

Damit Schlackstoffe im Verdauungstrakt gelöst und ausgeschwemmt sowie eventuell Entzündungen bekämpft und Verstopfungen beseitigt werden können, empfiehlt es sich, Spirulina wie auch Chlorella ab und zu – am besten als Kur – einzusetzen.

Merke: Etwa 80 % des Immunsystems hängen von einem gesunden Darm und ein gesunder Darm von der richtigen artgerechten Ernährung ab.

Chlorella und Spirulina: Das sind ihre Spezialgebiete

Chlorella Entgiftet den Organismus. Tipp für Züchter: Der beste Zeitpunkt zum Ausleiten ist VOR der Trächtigkeit.	**Spirulina** Stärkt das Immunsystem und die körperliche Vitalität. Tipp für Züchter: Gut für die trächtige und laktierende Hündin.
Höchster Chlorophyllanteil Positive Wirkung auf die Gesundheit. Positiver Einfluss auf die Blutbildung, fördert eine gesunde Darmflora und verdrängt Fäulnisbakterien (gilt auch für Spirulina).	**Hoher Anteil an Eiweiß** Hochwertige Aminosäurenzusammensetzung. Unentbehrliche Eiweißbausteine für das Wachstum unserer Welpen.
Hoher Gehalt an Nukleinsäure Ihre Aufgabe besteht unter anderem darin, genetische Erbinformationen zu speichern und an die nächste Generation weiterzugeben.	**Phycocyanin** Stimulation des Knochenmarks. Optimal bei Eisenmangel. Stärkung des Immunsystems und Unterstützung der Zellfunktion. Hemmung von krankhaften Entartungen (Besonders bei Leberkrebs).
Dreifache Menge an Inositol Wichtig für die Funktion der Leber. *Merke:* Leistungsphase der Leber von 1:00 Uhr bis 3:00 Uhr (nachts). Erholungsphase der Leber von 3:00 Uhr bis 5:00 Uhr (nachts).	**Carotinoide** Stärkung des Immunsystems, Antioxidantien.
Sporopollenin Wichtig für die Entgiftung, da diese Substanz Schwermetalle, Pestizide und weitere Umweltgifte bindet und ausleitet.	**Hoher Anteil an basischen Mineralien** Sorgt für einausgewogenes Säuren-Basen-Gleichgewicht.

Merke: Beide Algenarten werden in großen Bassins gezüchtet und man solle daher auf gute Qualität und Herkunft achten.

B.A.R.F. für Züchter: Artgerecht von Anfang an

Die Grundsteine einer gesunden Ernährung werden bereits in den ersten Wochen gelegt und sorgen langfristig für eine erfolgreiche Zucht und die damit verbundene Gesundheit.

Ernährt man seine Welpen von der Entwöhnung an mit frischen Zutaten, so kommt das dem gesamten Wachstum zugute. Der Verdauungstrakt von Caniden, zu denen nun auch mal unsere Stubenwölfe gehören, braucht Zigtausende von Jahren, um sich an eine komplett neue Ernährungsphilosophie anzupassen und ist nicht dafür geschaffen, innerhalb von wenigen Jahrzehnten diese Umstellung ohne gravierende Probleme zum Wohle der bequemen Menschheit zu überstehen! Natürlich ist nicht jedes Problem ein großes und sicherlich denkt sich mancher, dass das Durchschnittsalter unserer heutigen Haushunde von 10, 12 oder sogar 15 Jahren doch Bände spricht, aber da geht sicher mehr!

Die nächsten Seiten beschäftigen sich daher ausschließlich mit dem Thema Ernährung der Mutterhündin und ihren Welpen, was in dieser Zeit gefüttert werden kann, worauf man ganz besonders achten und was man vermeiden sollte. Weiterhin finden Sie im Anschluss an dieses Kapitel Futterpläne für die verschiedensten Lebensphasen der Hunde.

Trächtige Hündinnen

Zu Trächtigkeitsbeginn kann auch die Hündin hin und wieder unter Übelkeit und morgendlichem Erbrechen leiden. Grundsätzlich nichts Schlimmes, jedoch sollte man auch ein solch natürliches Verhalten unter Beobachtung stellen. Da die Föten in den ersten Schwangerschaftswochen nur sehr langsam wachsen, ändern sich die Ernährungsgewohnheiten der Hündin in dieser Zeit kaum und man sollte darauf achten, dass man sie nicht unnötig »mästet«. Erst Anfang der 5. Woche sollte wöchentlich eine Steigerung der Futtermenge von etwa 10 % bis 15 % bis zum Ende der Schwangerschaft erfolgen.

Empfehlenswert sind in erster Linie hochwertige Lebensmittel wie frisches Fleisch, frischer Fisch aber auch mal frischer grüner Pansen, Blättermagen etc., die im Wechsel gefüttert werden sollten. Dazu hochwertige kaltgepresste Öle (z. B. Lachsöl, Nachtkerzenöl, Hanföl) und Lebensmittel, die NICHT blähen und leicht verdaulich sind. Weiterhin kann man, muss aber nicht, dem Gemüsebrei Reis, Reisflocken, Hirseflocken usw. (über Nacht in kaltem Wasser oder Möhrensaft eingeweicht) beimischen. Hündinnen, die bis dorthin nur ein- oder zweimal am Tag gefüttert worden sind, sollten spätestens mit Beginn des 2. Trächtigkeitsmonats mehrere kleinere Mahlzeiten erhalten, denn die kleinen Racker wachsen jetzt relativ schnell und die Gebärmutter nimmt nun ein Großteil des Bauchraums ein, was dem Magen nicht mehr ermöglicht, sich wie gewohnt auszudehnen.

Hinweis zur Knochenfütterung während der Trächtigkeit: Um Verstopfungen und zu harten Kot zu vermeiden, sollte gegen Ende der Trächtigkeit – wenn in dieser Zeit rohe fleischige Knochen gefüttert werden – auf diese verzichtet werden. Wir empfehlen allerdings, in der Trächtigkeit besser auf adäquate Kalziumlieferanten (s. S. 18) umzusteigen, denn bei vielen trächtigen Hündinnen führen Knochen leicht zu Verstopfungen. Kein Muss, sondern nur ein Tipp.

Laktierende Hündinnen

Die Ernährung der laktierenden Hündin – außer von den Mengen her – unterscheidet sich in der Zusammensetzung kaum und kann unserer Meinung nach so fortgeführt werden wie vor der Trächtigkeit. Sinnvoll sind hochwertige Lebensmittel – und man lässt die Mutterhündin so viel fressen, wie sie möchte, da der Energie- und Nährstoffbedarf in dieser Zeit besonders hoch ist, und teilt die Tagesration auf mehrere kleinere Mahlzeiten auf. Auch rohe fleischige Knochen sollten fortan wieder auf dem Speiseplan stehen, damit die Kalziumversorgung ausreichend gesichert ist. Alles Weitere regelt der angeborene Mutterinstinkt!

Die Beifütterung und schrittweise Entwöhnung von der Mutterhündin

Die Mutterhündin versorgt ihre Kleinen in den ersten Wochen noch komplett selbst, danach kann man als Züchter langsam mit der Beifütterung der frischen Kost – nicht jedoch vor der 3. - 4. Lebenswoche, da erst zu diesem Zeitpunkt die Bildung der Salzsäure im Magen beginnt und somit die Verdauungsenzyme ihrer Aufgabe gewachsen sind.

Merke: Je länger die Mutterhündin ihre Welpen säugt, desto besser für deren Entwicklung. Aber auch Wurfgröße, Gesundheitszustand der Mutter und der Welpen, Milchmenge sowie das tägliche Wiegen der Welpen und nicht zuletzt die Mutterhündin selbst bestimmen den tatsächlichen Beginn der Beifütterung.

Man sollte darauf achten, dass die frische Welpenkost schön fein zu Brei püriert wird, immer einen Schuss Öl dazu und das Ganze auf mehrere Mahlzeiten am Tag verteilt. Für Welpen, die nur schwer an Substanz zunehmen, kann man etwas Reis oder Reisbrei untermischen, sofern die Welpen dies gut vertragen.

Grundsätzlich ist es also schwer zu sagen, wie viel die Welpen zu Beginn der Umstellung auf eine artgerechte Rohernährung tatsächlich brauchen. Wichtig ist nur, dass die Welpen mehrmals am Tag gefüttert werden und die Bäuche nach dem Fressen nicht allzu rund sind. Auch wenn uns »pummelige« Welpen anlachen, ist es für ihre Gesundheit weniger von Vorteil. Gerade Welpen von großen Rassen sollten daher eher schlank gehalten werden.

Mutterlose Welpen (Tod der Hündin, Milchmangel, zu große Würfe usw.)

Bei der Ernährung mutterloser Welpen sind die ersten Tage entscheidend. Im Gegensatz zur gesunden Mutterhündin, die ihre Welpen direkt nach der Geburt mit der lebenswichtigen Kolostralmilch (Vormilch) versorgt, die einen natürlichen Schutz gegen Gesundheitsrisiken bietet, muss der Züchter eine Art »Ersatznahrung« für die Muttermilch zusammenstellen, falls keine Ersatzmutter (Hundeamme) gefunden werden kann. Erfahrene Züchter haben meist gefrorene Kolostralmilch in Reserve.

Eine gute Alternative zur herkömmlichen Milchaustauschern, die oftmals stark überdosiert und synthetisch zu stark vitaminisiert ist, bietet hier Ziegenmilch. Die Akzeptanz von Ziegenmilch ist bei den meisten kleinen Säugern hervorragend, und da sie leicht verdaulich ist, führt sie somit zu keinerlei Verdauungsproblemen wie Durchfall oder Erbrechen.

Ziegenmilch ist biologisch sehr wertvoll und unterscheidet sich von herkömmlicher Milch in der Struktur der Fett- und Eiweißmoleküle. Der Gehalt an Casein ist niedriger und die Beschaffenheit der Fettkügelchen in Ziegenmilch ist viel feiner und kleiner als die in Kuhmilch, was den eiweißspaltenen Enzymen der Verdauung eine schnellere und leichtere Zerlegung ermöglicht und somit für eine bessere Verdaulichkeit sorgt. Der Anteil an natürlichem Vitamin D liegt im Vergleich um ein Vielfaches höher und sorgt so für einen gesunden Skelettaufbau beim Welpen (siehe Tabelle auf der nächsten Seite).

Da Ziegenmilch weiterhin ein Basenbildner ist, wirkt sie sich positiv auf den Säuren-Basen-Haushalt aus – aus diesem Grund auch eine gute Alternative für Hunde, die leicht zu Übersäuerung neigen, aber auch für solche mit Allergien!

Hier einige <u>durchschnittliche</u> Werte von Ziegenmilch, Kuhmilch und Schafmilch im Vergleich zu Hundemilch (pro 100 g):

	Protein	**Fett**	**Caseine**	**Na**	**Ka**	**Ca**	**Phos**
Ziegenmilch	3,7 g	3,9 g	21,24 g/l	42 mg	177 mg	123 mg	103 mg
Hundemilch[3]	8,4 g	10,3 g	4 - 5 g/l	89 mg	121 mg	220 mg	180 mg
Kuhmilch (3,5 %)	3,3 g	3,5 g	24,37 g/l	48 mg	157 mg	120 mg	102 mg
Schafmilch	5,6 g	6,3 g	-	30 mg	182 mg	183 mg	115 mg

	Mag	**Eisen**	**Vit. A**	**B1**	**B2**	**Vit. D**	**B6**	**Vit. C**
Ziegenmilch	13 mg	0,1 mg	73 µg	0,05 mg	0,15 mg	0,25 µg	0,03 mg	2 mg
Hundemilch[4]	12 mg	0,7 mg	-	-	-	-	-	-
Kuhmilch (3,5 %)	12 mg	0,1 mg	31 mg	0,04 mg	0,18 mg	0,02 µg	0,05 mg	2 mg
Schafmilch	11 mg	0,1 mg	50 µg	0,05 mg	0,23 mg	-	-	4 mg

- = liegen uns keine Daten vor

Eine von vielen weiteren Vorteilen selbst zubereiteter »Ersatzmilch« ist, dass die Zusammenstellung transparent ist und man somit einen Überblick über die gewählten Zutaten hat, dazu noch ganz ohne künstliche Zusätze!

Die Ersatzmilch muss auf Körpertemperatur erwärmt und den Welpen in der ersten Zeit nach der Geburt alle zwei Stunden aus einer Saugflasche angeboten werden. Während dieser Zeit sollte auf ein ruhiges Umfeld ohne Stress und Hektik sowie auf regelmäßige Fütterungszeiten geachtet werden (Formular im Anhang)! Bereits abgekühlte Ersatzmilch kann zu Verdauungsstörungen wie Durchfall führen! Mit der Zeit können dann die Fütterungsabstände je nach Vitalität der Welpen schrittweise vergrößert und mit der Beifütterung (ab der 4./5. Woche) von rohem gewolften Fleisch und etwas leicht verdaulichem Gemüse begonnen werden (siehe Spickzettel).

In der freien Natur würgt die Mutterhündin ihren Welpen eigens gefressenes Futter hoch. Das zeigt uns, dass Welpen in der Natur durchaus das gleiche Futter bekommen wie die Erwachsenen, nur eben bereits vorzerkleinert!

Ammenaufzucht durch Fremdhündin

Kann die Mutterhündin also selbst nicht säugen oder ist gar bei der Geburt verstorben, sollte man zuerst versuchen, die Welpen durch eine Hundeamme versorgen zu lassen (Adresse für Ammenvermittlung im Anhang). Scheinträchtige Hündinnen reichen in einem solchen Fall leider nicht aus, da oftmals zu wenig Milch produziert wird. Aus diesem Grund lieber gleich auf eine Ammenaufzucht umsteigen bzw. die Versorgung selbst in die Hand nehmen!

Auskunft über etwaige Hundeammen können meist auch Tierärzte und Hundeschulen in der Nähe geben. Wer also lieber auf Nummer Sicher gehen möchte, sollte sich bereits vorab über Möglichkeiten informieren, damit im Notfall schnellstens gehandelt und die Welpen ausreichend versorgt werden können.

Mit Junior in Urlaub

Auch das geht! Mitzunehmen gilt es nur den Mixer, alles andere gibt es meist vor Ort! Bleibt man nur ein paar Tage, kann man zuvor eingefrorenes Gemüse, Fleisch und Knochen in einer Kühlbox mitnehmen. Plant man einen längeren Aufenthalt, wird einfach etwas weniger abwechslungsreich gefüttert – zum Beispiel nur Zucchini-Möhren-Apfel Mix, Rindfleisch usw. und wenn möglich, Knochen – wenn nicht, auch nicht schlimm, ist ja nur für die Zeit des Urlaubes.

Wichtig: Ausgewogenheit muss auf Wochen erzielt werden und sicherlich nicht jeden Tag!

Ernährungsbeispiele für verschiedene Lebensphasen

Für die *trächtige* Hündin

Beispiele	**Was gefüttert werden kann:**
1. Trächtigkeitswoche • Proteinreich füttern	Rindfleisch, Zucchini, Möhren, Apfel, Salat, Hanföl
	oder: Fisch, Zucchini, etwas Kohlrabi, Salat, Möhren, Nachtkerzenöl
	oder: Hühnchen, Brokkoli, Möhren, Apfel, Lachsöl
Ergänzende Zusätze (Wenn keine Knochen gefüttert werden)	Eierschalen, Kalziumzitrat, Knochenmehl als Kalziumlieferant

Beispiele	**Was gefüttert werden kann** (Über den Tag verteilt mehrere kleine Mahlzeiten)
2. Trächtigkeitswoche	Über Nacht eingeweichte Haferflocken, Banane, Birne, Quark, Rapsöl, Honig
	oder: Rindfleisch, Rinderherz, Zucchini, etwas Chinakohl, Olivenöl, Eigelb mit gemörster Schale
	oder: Lachs, Zucchini, Möhren, Apfel, Salat, Nachtkerzenöl
3. Trächtigkeitswoche	Geflügelfleisch, Spinat, etwas Quark, Leinöl, Möhren
	oder: Rindfleisch, Brokkoli, Möhren, Apfel, Lachsöl, Eigelb mit gemörster Schale
	oder: Seelachs oder Dorsch, Zucchini, Apfel, Salat, Hanföl
4. Trächtigkeitswoche	Über Nacht eingeweichte Hirseflocken, Honig, Apfel, Birne, Ziegenquark, Nüsse, Olivenöl
	oder: Pferdefleisch, etwas Rote Bete in Kombination mit Vitamin C, Salat, Lachsöl, Möhren
	oder: Thunfisch, Brokkoli, Möhren, Apfel, Hanföl, Eigelb mit gemörster Schale
5. Trächtigkeitswoche Menge langsam erhöhen. Wöchentliche Steigerung der Futtermenge zwischen 10 % und 15 % bis zum Ende der Trächtigkeit	Rindfleisch, Rinderherz, Gemüse-Mix, etwas Salat, Öl, ab und zu Eigelb, Kalziumlieferanten, gesunde Zusätze
6. Trächtigkeitswoche	Maulfleisch, Schlundfleisch, Gemüse-Mix, etwas Salat, Öl, ab und zu Eigelb, Kalziumlieferanten, gesunde Zusätze
7. Trächtigkeitswoche	Pferdefleisch, Gemüse-Mix, etwas Salat, ab und zu Eigelb, Öl, Kalziumlieferanten, gesunde Zusätze
8. Trächtigkeitswoche	Rindfleisch, Rinderherz, Gemüse-Mix, Salat, Öl, ab und zu ein Eigelb, Kalziumlieferanten, gesunde Zusätze
9. Trächtigkeitswoche	Rindfleisch, leicht verdauliches Gemüse, Stück Apfel, Öl, gesunde Zusätze nach Bedarf (s. Kräuter), Kalziumlieferanten
Zusätze u.a	Bierhefeflocken, Weizenkeime, Weizenkleie, Heilerde etc.

Für die *laktierende* Hündin (Sofern die Hündin keine Verdauungsprobleme hat, sollten auch wieder Knochen gefüttert werden.)

Beispiele	Über den Tag verteilt mehrere kleine Mahlzeiten	Abends
• Hochwertige und leicht verdauliche Lebensmittel füttern • Mehrere kleinere Mahlzeiten am Tag (am besten in der Nähe des Welpenlagers) • Ein- bis zweimal in der Woche sollte Fisch gefüttert werden • Auf genügend Kalzium achten	Rindfleisch, Gemüse-Mix, ab und zu etwas Fenchel, Bierhefeflocken, Hanföl	Hühnerhälse
	oder: Geflügelfleisch, Gemüse-Mix, ab und zu etwas Heilerde, Nachtkerzenöl, Eigelb	oder: Stück Putenhals (je nach Größe des Hundes)
	oder: Rindfleisch, Rinderherz, Gemüse-Mix, Lachsöl	oder: Kalbsbrustknochen
Tipp	bei Schlingern die Knochenmahlzeit besser gewolft	

Für gesunde/vitale Welpen ab der *4./5. Lebenswoche* (Beifütterung)

Beispiele	Über den Tag verteilt mehrere kleine Mahlzeiten
• Proteinreich füttern • Ab und zu gesunde Zusätze	Rindfleisch, etwas Fenchel, Lachsöl, Hanföl, Stück geriebener Apfel, Möhre
	Rindfleisch, etwas leicht verdauliches Gemüse, Hanföl, ab und zu ein paar Bierhefeflocken
	Rinderherz, Zucchini, Apfel, Lebertran, ab und zu etwas Heilerde

Tipp: Häufiger Futter- und Zutatenwechsel ist ungünstig für die Mutterhündin und die Welpen. Der Hundemagen sollte nicht zu extremen Futterwechseln unterzogen werden. Aus diesem Grund ist es empfehlenswert, am Anfang wochenweise das gleiche frische Futter zu füttern.

Für mutterlose Welpen ab der *4./5. Lebenswoche*

Beispiele	**Über den Tag verteilt mehrere kleine Mahlzeiten**
• Gewicht 2 x pro Tag kontrollieren und notieren (s. Formular im Anhang) • Flaschenmahlzeit nach und nach durch proteinreiche und leicht verdauliche Nahrung ersetzen	Rinderhack mit etwas geriebenen Apfel, Möhre, etwas Fenchel, Hanföl, Lebertran
	Pferdefleisch, Rinderherz, etwas Zucchini, Apfel, Möhre, Bierhefeflocken, Nachtkerzenöl

Achtung bei *Frühchen* und *körperlich schwachen* Welpen!

Die Ernährung von Frühchen und körperlich schwachen Welpen bedarf einer speziellen Aufzucht und sollte immer einer medizinischen Beobachtung unterliegen.

Für sehr *schlanke Welpen* ab der 6./7. Lebenswoche – ohne Knochen

Beispiele	**Über den Tag verteilt mehrere kleine Mahlzeiten**
	Hühnchenfleisch, etwas Möhre, Apfel, Fenchel, Eigelb, etwas Salat, Lebertran
	oder: Rindfleisch-Mix mit grünem Pansen/Blättermagen.
	oder: Lachs, Möhren, Zucchini, etwas Salat, Nachtkerzenöl
	Eierschalen, Knochenmehl oder Kalziumzitrat als Kalziumlieferanten füttern. Adäquate Kalziumlieferanten (siehe Seite 18).
bei Bedarf	zusätzlich etwas Reis unter die Mahlzeiten

Für *leicht zunehmende* Welpen ab der 6./7. Lebenswoche

Beispiele	**Über den Tag verteilt mehrere kleine Mahlzeiten**
	Rinderhackfleisch, etwas Zucchini, Salat, Möhren, Apfel, Olivenöl
	oder: Pferdefleisch, Fenchel-Möhren-Apfel-Mix, Rapsöl
	oder: Blättermagen, Rinderhack, Hanföl
zusätzlich	große Kalbsknochen zum Nagen, dienen als »Zahnbürste«

Ab der *6./7. Lebenswoche* mit Knochen

Beispiele	**Über den Tag verteilt mehrere kleine Mahlzeiten**
ab und zu ein paar Bierhefeflocken	Hühnchenfleisch mit Gemüse-Mix, Nachtkerzenöl – Abends: Hühnerhälse (gewolft)
	oder: Grüner Pansen, Schlundfleisch, Maulfleisch, Lebertran, Hanföl, Stück geriebene Möhre, – Abends: Hühnerrücken (gewolft)
	oder: Blättermagen, Rinderherz, Lachsöl – Abends: Hühnerflügel (gewolft)

Ab der 12. Lebenswoche für gesunde Welpen/Junghunde

Beispiele	**Morgens**	**Mittags**	**Nachmittags**	**Abends**
Bei großen Rassen 2 - 3 x täglich füttern; die letzte Mahlzeit (Knochen ausgenommen) sollte spätestens um 15 Uhr sein, damit der Magen-Darm-Trakt verdauen und regenerieren kann	über Nacht in Wasser eingeweichte Haferflocken, Obst, etwas Quark	Hühnchen, Gemüse-Mix, etwas Salat, Lebertran, ab und zu ein Eigelb	Hälfte der Mittagsmahlzeit	Beinscheibe
	oder: vorgequollene Reisflocken, Obst, Quark	oder: frische Leber, Gemüse-Mix, Salat, Hanföl	Hälfte der Mittagsmahlzeit	oder: Kalbsbrustknochen
	oder: komplette Tagesration ersetzen durch Blättermagen/Pansen			

Allgemein-Futterpläne

Für *Junghunde* und *erwachsene Hunde*

Beispiele	Morgens	Nachmittags	Abends
	Rindfleisch, Gemüse-Mix, Salat, Olivenöl	Hälfte der Morgenmahlzeit	Hühnerhälse
	oder: Geflügelfleisch, Gemüse-Mix, Salat, Hanföl	Hälfte der Morgenmahlzeit	oder: Beinscheibe
	oder: komplette Tagesration ersetzen durch Blättermagen/Pansen		
Tipp	bei Schlingern die Knochenmahlzeit besser gewolft füttern		

Für *sportlich Aktive*

Beispiele	Morgens	Mittags	»Zwischendurch«	Abends
	Milchreis (in Wasser gekocht), Obst, Hüttenkäse	Pferdefleisch, Spinat, Möhren, 1 - 3 x pro Woche Eigelb, Rapsöl	Hälfte der Mittagsmahlzeit	$^1/_2$ Fisch samt Kopf und Gräten
	oder: Reis, Apfel, Gemüse-Mix, Olivenöl	oder: Hälfte der Morgenmahlzeit	oder: Obst, Ziegenquark, Nüsse, Honig	Kalbs- oder Rinderbrustknochen
	oder: über Nacht eingeweichte Dinkelflocken, Obst, Stück Fenchel, Quark	oder: frischen Fisch, Gemüse-Mix, Salat, Nussöl	Hälfte der Mittagsmahlzeit	oder: Hühnerknochen

Bei *Durchfall* und *Erbrechen*

Beispiele	**Mehrere Mahlzeiten am Tag**	
Den Hund fasten lassen! Ist der Hund fit und zeigt keinerlei Anzeichen einer Krankheit, kann ihm mehrmals am Tag etwas Schonkost verabreicht werden. Stellt sich aber innerhalb der darauffolgenden Stunden keine Besserung ein, sollte man unweigerlich einen Tierarzt aufsuchen um der Ursache auf den Grund zu gehen. (Kotprobe und evtl. Erbrochenes mitnehmen,) Auf viel Flüssigkeit achten! Bei Durchfall und Erbrechen empfehlen wir, KEINE Milchprodukte zu füttern.	mageres Fleisch oder Hühnchen Möhrenmus Apfel* Heidelbeeren (s. S. 37) Fenchel Banane Eigelb (bei Durchfall Knochenmehl oder Eierschale) Alternative zu Fleisch: Reis (lange gekocht) *Pektin bindet Wasser und dickt den Kot ein	Tipp: Heilerde, Bierhefeflocken oder Pro-Symbioflor (Regulierung der körpereigenen Abwehrkräfte, gastrointestinale Störungen)

Bei *Blähungen*

Beispiele	**Morgens**	**Mittags**	**Abends**
Auf Kohlenhydrate und schwer verdauliche Lebensmittel wie Kohl und grünen Salat verzichten. Auch hier gilt: KEINE Milchprodukte bei Hunden mit Unverträglichkeit.	Pferdefleisch, Apfel, Fenchel, Möhren, Olivenöl	Teil der Tagesration	Teil der Tagesration
	oder: Rinderhack, Zucchini, Apfel, Möhren, Olivenöl	Teil der Tagesration	Sind die Blähungen verschwunden, kann wie gewohnt gefüttert werden.

Bei *Verstopfung*

Beispiele	Über den Tag verteilt mehrere kleinere Mahlzeiten
Keine weiteren Knochen füttern und auf genügend Flüssigkeit achten. Auf schwer verdauliche Lebensmittel verzichten und dem Hund genügend Auslauf bieten. In ganz hartnäckigen Fällen (Verkrampfen, Muskelkontraktionen, dicker fester Bauch, Hecheln, kein bzw. nur sehr schwer abgehender Kot) hilft auch das einmalige verabreichen von Laktose (Milchzucker) oral in eine Spritze (ohne Nadel) aufgezogen! Tritt keine Besserung ein, bleibt nur der Weg zum Tierarzt.	Fleisch, welches etwas »fetter« ist, Möhren, Apfel, Öl Als Zusatz z.B. ein paar Kürbiskerne (gemahlen) oder Kürbisfleisch
	oder: Leber (frisch), Möhren, etwas Kleie, Apfel, Öl
	oder: frischer grüner Pansen, Öl

Bei *Übergewicht*

Beispiele	Morgens	Abends
Auf genügend Auslauf und Bewegung achten. Schwimmen fördert nicht nur die Gesundheit, sondern hilft auch beim Abnehmen.	Lunge, Brokkoli, Möhren, Apfel, Olivenöl	Kalbsbrustknochen
	oder: Rindertatar, Chinakohl, Möhren, Hanföl *Tipp:* Als Kur etwas Spirulina unter die Mahlzeit mischen	oder: Stück Putenhals (je nach Größe des Hundes)
	oder: Pferdefleisch, Möhren, etwas blanchierten Grünkohl, Walnussöl	oder: Beinscheibe

Spezielle Futterpläne z. B. bei Herz-, Leber- und Nierenerkrankungen stehen hier außen vor, da diese unserer Meinung nach immer individuell abgestimmt werden sollten. Gleiches gilt auch bei Krebserkrankungen.

Getreide und Co. – immer wieder ein heiß diskutiertes Thema

Getreide, ob Flocken, frisch geschrotet, Nudeln, Reis, oder auch gekochte Kartoffeln: All diese Dinge führen bei der artgerechten Rohernährung immer wieder zu heißen Diskussionen. Doch wenn man neusten Studien zufolge im Hinblick auf Krebserkrankungen glauben darf, nicht ganz unberechtigt!

Grundsätzlich brauchen Hunde so gut wie kein Getreide, das wissen wir. Eine gesunde, ausgewogene Mahlzeit mit frischem Gemüse und Obst, Fleisch, Innereien, Fisch und rohen fleischigen Knochen sollte im Normfall ausreichen, um dem Hund alles zu liefern, was er für ein gesundes und langes Leben braucht. Warum also gehen wir hier dieser Frage nach?

Kohlenhydrate, Glukose und Krebs: Wie sie zusammenhängen

In den letzten Jahren wurden in der Humanmedizin immer häufiger Vermutungen laut, dass eine Möglichkeit zur Entstehung von Krebs auch ein langfristiges Überangebot an Kohlenhydraten (zum Beispiel in Getreide und Brot) sein könnte. Gleiches gilt auch für die Veterinärmedizin, wenn man bedenkt, wie häufig heute bei Hunden Krebserkrankungen geworden sind! Krebszellen verbrauchen nämlich besonders viel Glukose, und Glukose ist der Hauptbaustein der Kohlenhydrate. Normalerweise wird die im Blut befindliche Glukose (der so genannte Blutzucker) vom gesunden Körper vollständig weiterverarbeitet, nämlich zu Wasser und Kohlendioxyd und damit auch zu Energie. Es gibt aber Hinweise darauf, dass ein andauerndes Glukose-Überangebot, wie es in unserer heutigen getreidereichen Ernährung zu finden ist, nicht nur zur »Zuckerkrankheit« Diabetes, sondern über einen entgleisten Zellstoffwechsel auch zu Krebs führen kann. Das scheint analog auch für Hunde zuzutreffen, wenn man bedenkt, wie hoch der Gertreideanteil in den meisten handelsüblichen Trockenfuttern ist.

Aus diesem Grund: Getreide lieber in Maßen statt in Massen füttern, zumal Hunde Getreide überhaupt nicht zum Überleben brauchen!

Krebs ist ein »Glukosefresser«

Im Gegensatz zu Eiweiß und Fett braucht der hündische Organismus nicht unbedingt Getreide, um zu überleben. Wenn man nun bedenkt, dass Krebszellen »Glukosefresser« sind und somit bei erhöhter Zufuhr von Getreide und Co. Hunde mit der Zeit zu prädestinierten Krebspatienten werden lässt, sollte man sich der gefütterten Mengen in der Getreide-Ernährung ernsthaft bewusst werden. Schauen wir einmal zurück in die Vergangenheit, so stellen wir schnell fest, dass mit der Einführung der Fertigfutter-Ära Zivilisationskrankheiten bei unseren Hunden einen höheren Stellenwert erhalten haben. Statt frischem Fleisch, Innereien, Knochen und aufgeschlossenem Mageninhalt gibt es dank der modernen Industrie Getreide und Tiermehle in Form von bunten Pellets im Napf. Nicht schlecht, aber sicherlich nicht das, was unseren Hunden auf Dauer wohl bekommt.

Kein Getreide bei Krebs!

Ist ein Hund bereits an Krebs erkrankt, sollte eine Fütterung mit Getreide aus oben genannten Gründen weitestgehend eingeschränkt bzw. ganz darauf verzichtet werden.

»Glutenfrei« – Sinn oder Unsinn?

Weizen und einige andere Lebensmittel enthalten Gluten. Viele Hunde reagieren auf dieses Klebereiweiß mit einer Unverträglichkeit, welche sich nicht selten in Blähungen, Durchfall bis hin zu schmerzhaften Magenkoliken äußert. Im weiteren Verlauf können Dünndarmschleimhaut geschädigt und die Darmzotten zerstört werden. Die Folgen sind unter anderem Schädigung der Verdauungsenzyme und eine Schwächung des Immunsystems. Auch Allergien werden oft durch die im Getreide enthaltenen Glutene ausgelöst: Laut Pascal Prélaud[5] enthält *Gluten viele Proteine wie Albumine, Globuline, Glutenine und Gliadine, die alle Allergene sein können.* Möchte man also nicht auf Getreide verzichten, empfiehlt es sich bei empfindlichen Hunden, im Hinblick auf die bessere Verträglichkeit auf glutenfreies Getreide umzusteigen. Kein Muss, sondern nur ein Tipp!

Wenn Getreide gefüttert wird:

Getreide kann nicht »roh« gefüttert werden, da der Hundeorganismus die pflanzliche Zellulose so gar nicht aufschließen kann. Ein ganzes Haferkorn wird den Verdauungstrakt des Hundes auch ganz und unversehrt wieder verlassen, da die Schale gar nicht geknackt werden kann. Es kommt deshalb nur geschrotetes oder zu Flocken gewalztes Getreide in Frage, das außerdem vor dem Füttern unbedingt über Nacht in Wasser oder alternativ in Möhrensaft zum Vorquellen eingeweicht werden muss. Nudeln und Reis müssen auf jeden Fall gekocht werden.

Welche Getreidesorten gegeben werden können, entnehmen Sie den B.A.R.F.-Spickzetteln ab Seite 16.

Wichtig: Getreide sollte bei Bedarf grundsätzlich nur zusätzlich zu der Grundration aus Fleisch, Innereien, Gemüse, rohen fleischigen Knochen usw. gegeben werden, deren Menge Sie anhand der Faustregel auf Seite 50/51 berechnet haben. Das Getreide ersetzt also nicht einen Teil der übrigen B.A.R.F.-Nahrungsbestandteile, sondern ist eine vorübergehende zusätzliche Zugabe für zu dünne Hunde, Welpen, die zu schlecht an Substanz zulegen oder für trächtige oder laktierende Hündinnen mit besonders hohem Energiebedarf. Wie viel Getreide der Ration zugegeben wird, richet sich deshalb immer nach dem Einzelfall und muss ausprobiert werden.

Welpenschmankerl - gut und schmackhaft

Käsestückchen, Nüsse, getrocknete Leber, Lunge, Herz oder Pansenstücken – all dies kann zwischendurch oder auch beim Training Welpen und Junghunden gefüttert werden. Wer sich aber gerne selbst mal als »Lecker-Bäcker« probieren möchte, dem stehen hier einige Rezepte zur Auswahl.

Rindercake

Man nehme: 100 g frisches Rinderhack
1 kleine Zucchini
ca. 100 g Vollkornmehl
2 TL Olivenöl
1 EL Wasser

Rinderhack in die Schüssel geben, Zucchini klein hacken oder pürieren und mit dem Mehl, Öl und Wasser zu einem Teig verrühren.
Kleine Röllchen formen und bei 180 Grad ca. 25 - 30 Minuten backen lassen.

Rinderleber-Baby-Knochen

Man nehme: 150 g frische Rinderleber
ca. 300 g Vollkornmehl
1 Ei
2 EL Olivenöl
ca. 125 ml Wasser

Die pürierte Rinderleber mit dem Mehl, Ei, Öl und Wasser verrühren. Den fertigen Teig ausrollen umd mit einem »Knochenförmchen« (gibt es im Handel) kleine Baby-Knochen ausstechen. Das Ganze bei 180 - 200 Grad ca. 30 Minuten backen lassen.

Möhren-Nuss-Taler

Man nehme: 2 $^1/_4$ Tassen Vollkornflocken
$^1/_2$ Tasse Magermilch
1 Ei
$^1/_3$ Tasse pürierte Möhren und eine Handvoll frisch gemahlener Nüsse
1 TL Honig

Alle Zutaten vermischen, durchkneten, ausrollen und kleine Taler ausstechen. Bei 150 - 180 Grad ca. 30 Minuten backen lasen.

Mahlzeiten als Ritual

Das Bild vom süßen Pummelwelpen sollte der Vergangenheit angehören, da frühes Übergewicht meist auch gerade bei großen Rassen eine erhöhte Belastung des noch weichen, sich entwickelnden Skeletts mit sich bringt und Folgeschäden noch nicht absehbar sind. Ein schlanker, agiler Welpe ist dem Pummel-Wonneproppen allemal vorzuziehen, die Knochen danken es ein Leben lang.

Wir raten jedem Hundebesitzer zur artgerechten Rohernährung (siehe dazu auch *B.A.R.F. – Artgerechte Rohernährung für Hunde*, S. L. Schäfer/B. R. Messika 2005) von Anfang an. Das Thema wollen wir hier aber nicht weiter erörtern, nur so viel dazu, dass man bei der Eigenzubereitung des Futters genau weiß, was man dem Hund füttert – und das gibt ein gutes Gefühl. Die Zähne bleiben bis ins hohe Alter kraftvoll und sauber, futtermittelbedingte Allergien können größtenteils ausgeschlossen werden und welcher Hund würde frische, abwechslungsreiche Kost nicht dem trockenen Einheitsbrei vorziehen?

Die Futtermenge richtet sich nicht nach einer Tabelle, sondern eher nach dem Bedarf eines jeden Individuums. Jeder Stoffwechsel arbeitet anders und so sollte man sich nicht strikt an Tabellen halten, sondern bei Gewichtszu- oder -abnahme auch eigenständig handeln. Bemerken Sie, dass der kleine Kerl immer runder wird, ist es an der Zeit, die Menge ein wenig zu drosseln – und ebenso darf gerne mehr gefüttert werden, wenn der Hund fast durch den Gullideckel rutscht.

Der Ablauf der Fütterung sollte von Anfang an wie ein Ritual durchgeführt werden, da gerade damit der junge Hund immens viel über seinen Platz im Rudel und die Konsequenz des Besitzers lernt.

Das Futter, egal welcher Natur, wird nun also im Napf zubereitet, der Welpe wird in eine Ruheposition gebracht (wer Hunde größerer Rassen hat, kann auch gerne den

Partner zu Hilfe bitten), der Napf wird abgestellt und der Hund erhält das Kommando »Warte« oder »Lass«,wenn er schon versucht, an den Napf zu kommen. Die etwas hartnäckigeren Welpen werden anfangs mit aller Kraft versuchen, an den Napf zu kommen und eben das sollte verhindert werden, da der Rudelführer (welcher von Ihnen, also dem Besitzer, dargestellt werden sollte) noch keine Erlaubnis gegeben hat.

Wem nun jegliches Verständnis für dieses Ritual fehlt, dem sei gesagt, dass Hunde in einer hierarchisch geordneten Gemeinschaft leben und der Stärkere und Dominantere die Regeln vorgibt. Das ist auch gut so, denn er sichert das Überleben der Gruppe. Nun geht es bei unserem Haushalt zwar nicht mehr ums Überleben, aber klare Regeln sollten eingehalten werden, damit der ach so drollige Welpe nicht als Erwachsener meint, die Rudelführung in Frage stellen zu müssen, da er die Signale seines Besitzers missdeutet. Also führen wir Rituale ein: Napf hinstellen, Hund in Position, so dass er den Napf sieht, aber nicht fressen kann und Kommando dazu. Der Hund sollte so früh wie möglich lernen, dass nur dann gefressen wird, wenn der Besitzer es erlaubt – was den Spaziergang im Wald, wo oft Essenreste, Taschentücher, Kot etc. rumliegen, ungemein erleichtern kann.

Hat man den Hund kurz vor dem Napf warten lassen, lobt man ihn und gibt ein freundliches »Jetzt« oder »Nimm« als Kommando. Der Hund darf fressen und wird noch zusätzlich für den Gehorsam gelobt.

Hundherum gesund

Ein Wort zu Impfungen

Nimmt man einen Welpen in die Familie auf, so ist er meist zwischen 8 und 12 Wochen alt und braucht eine Grundimmunisierung, die ihn vor gängigen Krankheiten und Seuchen schützt.

Die meisten Elterntiere sind geimpft und somit sollte beachtet werden, dass die Mutter dem Welpen während der Trächtigkeit und der sich anschließenden Säugeperiode Antikörper gegen die Krankheiten, gegen die sie geimpft wurde, weitergibt.

Also ist der Welpe mit den so genannten maternalen Antikörpern geschützt, beispielsweise vor Parvovirose, Staupe etc. Da die Antikörper direkt übertragen wurden, das heißt von der Mutterhündin zum Welpen, spricht man hier von einer *passiven Immunität.*

Wir lernen also daraus, dass in den meisten Fällen schon in den ersten Lebenstagen ein Schutz vorhanden ist. So weit, so gut – allerdings ist das gesamte Immunsystem des Welpen in dieser Zeit komplett blockiert, da der passive Impfschutz kein Reagieren auf einen aktiven Impfstoff zulässt. Nach einigen Wochen sinkt dieser Impfschutz allerdings ab und erst dann ist eine aktive Impfung auch wirklich sinnvoll - die so genannte Grundimmunisierung.

Da eine Impfung aber grundsätzlich nur an einem gesunden Hund vorzunehmen sein sollte, muss also vorher der allgemeine Gesundheitszustand des Welpen bestimmt und erst dann geimpft werden. Es empfiehlt sich, ein paar Tage vor der Impfung Kotproben von drei bis vier aufeinanderfolgenden Tagen zu sammeln und vom Tierarzt untersuchen zu lassen, um einen eventuellen Wurmbefall, die eine Impfung unwirksam machen kann, auszuschließen. Das prophylaktische Entwurmen, wie immer noch oft angeraten, ist aus unserer Sicht eher kontraproduktiv, da die chemische Belastung der gängigen Wurmmittel erheblich ist (Parasiten vertreibt man nicht mit guten Worten) und da viele Wurmarten Resistenzen bilden können.

Nach dem Wurmcheck steht der Grundimmunisierung nichts mehr im Wege. Unbedingt informieren sollte man sich vor der Impfung über den Tollwutschutz – dieser ist nämlich seit geraumer Zeit nun *für bis zu 3 Jahre per Impfung (je nach Hersteller)* festgelegt und nicht mehr jährlich. Unverständlicherweise sträuben sich noch manche Tierärzte dagegen, wobei andere Länder uns dieses schonendere Prozedere schon länger erfolgreich vorleben. Lassen Sie sich nicht ins Bockshorn jagen – der Impfstoff ist bei 1 oder 3 Jahren der gleiche und es kommt einzig darauf an, was Ihr Tierarzt einträgt – jährlich pieken oder alle drei Jahre ... was würden Sie für sich wählen?

Man unterscheidet zwischen der aktiven und passiven Immunisierung:

Aktive Immunisierung

Prinzip dieser Impfung ist es, abgeschwächte Erreger bzw. seine Stoffwechselprodukte (z. B. Toxine) zu spritzen. Diese veränderte, abgeschwächte Form der Erreger muss nun solche Veranlagungen haben, dass der Körper des Welpen die Antigenstruktur noch erkennt, der abgeschwächte Erreger oder der Giftstoff jedoch keine Erkrankung mehr hervorrufen können. Impfreaktionen wie erhöhte Temperatur, Mattigkeit, Hautreizungen etc. sind allerdings an der Tagesordnung, gerade bei den Welpen.

Um jedoch so einen aktiven Impfschutz aufzubauen, bedarf es in der Regel mehrerer Impfungen in bestimmten Abständen, bis eben der gesamte Impfschutz aufgebaut ist. Die so genannte Grundimmunisierung tritt also nicht sofort nach der Impfung in Kraft, sondern der Körper lernt mit jeder Impfung und prägt quasi Gedächtniszellen aus, die den Körper meist *jahrelang* vor dem echten Erreger schützen. Es tut also nicht, wie immer noch fälschlicherweise oft empfohlen, Not, ständig beim erwachsenen Hund nachzuimpfen – im Gegenteil gibt es mittlerweile Erkenntnisse, dass zu häufiges Impfen auch schwere Nebenwirkungen haben kann (Impfsarkome, Ödeme, Schadstoffeinlagerungen im Körper etc.).

Somit bleibt jedem selbst überlassen, ob er seinen erwachsenen Hund nach einer nahtlosen Grundimmunisierungen jedes Jahr aufs Neue impfen lässt (wie oben angesprochen gilt nun auch der Tollwutschutz offiziell für 3 Jahre).

Passive Immunisierung

Die passive Immunisierung bietet dagegen einen sofortigen Impfschutz. Keine abgeschwächten Erreger, sondern sofort einsatzbereite spezifische Antikörper, so genannte Immunglobuline, werden hierbei gegeben. Hier muss also der Organismus keine Antikörper gegen die abgeschwächten Erreger produzieren, sondern er bekommt diese direkt injiziert.

Hört sich zwar gut an, hat allerdings einen Nachteil – die kurze Schutzdauer der Impfung! Der Körper bekommt keine Erreger, die die Immunabwehr aktivieren und die »Gedächtniszellen« bilden können, die den Körper quasi immunisieren. Meist fallen die so injizieren Antikörper schon nach 4 - 6 Wochen dem normalen Eiweißstoffwechsel zum Opfer und vorbei ist es mit dem Impfschutz.

Impfstoffarten			
Lebend-impfstoffe	**Totimpfstoffe**	**Toxoid-impfstoffe**	**Immunglobine**
enthalten abgeschwächte Erreger, die allerdings noch leben und vermehrungsfähig sind, einzig in ihrer Schädlichkeit abgeschwächt – sie bieten den größten Impfschutz auf Dauer.	enthalten abgetötete bzw. inaktiviere Erreger.	enthalten gar keine Erreger, sondern nur die Stoffwechselprodukte der Erreger (Giftstoffe/Toxine), die für viele Krankheiten verantwortlich sind. Eine Infektion kann trotz Impfung stattfinden, jedoch hat der Körper gelernt, Antikörper zu bilden und ist mehr geschützt. Hält recht lange an.	Sofort einsatzbereite spezifische Antikörper -> passive Immunisierung bietet einen sofortigen Impfschutz.

Entwurmen – der richtige Zeitpunkt

Leider vertreten noch immer viel zu viele Hundehalter die Annahme, dass grundsätzlich jeder Hund Würmer hat und entschließen sich dazu, erst mal auf »gut Glück« zu entwurmen.

Doch Vorsicht! Alle herkömmlichen Wurmmittel sind mehr oder weniger starke Chemiekeulen, belasten den Organismus und schwächen bei regelmäßiger Anwendung den Darm und somit auf Dauer das Immunsystem. Ist der Darm erst mal angegriffen, tun sich Endoparasiten, wie sie im Fachjargon genannt werden, leicht, den Organismus zu schädigen. Weiterhin gilt, dass eine Entwurmung keine vorbeugende Maßnahme in Hinblick auf eine kommende Ansteckung ist! Hat der Hund Würmer, werden diese NUR am Tag der Gabe abgetötet. Frisst der Hund aber am nächsten Tag wieder wurmhaltigen Kot, so war die ganze Prozedur umsonst.

Grundsätzlich empfehlen wir, nicht prophylaktisch, sondern nur nach positiver Kotuntersuchung zu entwurmen. Liegt der Verdacht nahe, dass der eigene Hund Würmer hat, empfiehlt es sich, Kot von mehreren Tagen einzusammeln und zur Untersuchung bei einem Tierarzt des Vertrauens abzugeben. Sollte die Probe positiv ausfallen, so kann gezielt entwurmt werden, ohne den Organismus unnötig mit chemischen Mittelchen zu belasten. Hat man nun mit dem passenden Mittel entwurmt, ist es sinnvoll, nach etwa zwei Wochen eine weitere Kotprobe untersuchen zu lassen, um sicher zu sein, dass die Würmer tatsächlich verschwunden sind!

Wer denkt, dass Hunde, die ausschließlich roh ernährt werden, oft mit Würmern zu kämpfen haben, der irrt. Ganz im Gegenteil können wir ruhigen Gewissens sagen: Das ist nicht der Fall!

Alternative Entwurmungsmethoden

Natürlich zeigt uns auch die Homöopathie Möglichkeiten, gezielt gegen einige Wurmarten vorzugehen (siehe H.G. Wolf, *Unsere Hunde gesund durch Homöopathie*) und auch Propolis wirkt auf gewisse Art und Weise »wurmabweisend«. Eine gute Alternative allemal, doch ob es im eigenen Fall tatsächlich wirkt, lässt sich auch hier nur anhand einer weiteren Kotuntersuchung ersehen. Hunde, die keiner routinemäßigen Entwurmung unterliegen, reagieren meist erfolgreicher auf die gewählte Entwurmungsmethode, da keine Resistenz gegen regelmäßig verabreichte Wurmmittel aufgebaut wurde!

Merke: Wichtiger als eine Entwurmung ist die Gesunderhaltung eines starken Milieus der Darmflora, denn dann regelt sich das Parasitenproblem meist selbst, da der Hund nicht mehr als attraktiver Wirt für Parasiten gelten kann (Homöopathisches Äquivalent: Abrotanum D3).

Zahnwechsel beim Welpen

Zahnloser Start

Welpen werden zahnlos geboren und mit Beginn der 3. Woche brechen die ersten Milchzähnchen durch, die sich ab der 6. Woche wie folgt zusammensetzen:

- je 3 Schneidezähne rechts/links und oben/unten
- je 1 Eckzahn rechts/links und oben/unten
- je 3 Prämolaren (s. Zeichnung S. 82) rechts/links und oben/unten

= insgesamt 28 Milchzähne

Zahnwechsel

Zwischen dem 3. und 6. Monat werden nun die scharfen Milchzähnchen nach und nach durch das bleibende Gebiss ersetzt und mit Ende des 7. Monats sollten alle Zähne vorhanden sein. Im optimalen Fall:

- je 3 Incisivus (s. Zeichnung S. 82) rechts/links und oben/unten
- je 1 Caninus (s. Zeichnung S. 82) rechts/links und oben/unten
- je 4 Prämolaren rechts/links und oben/unten
- je 2 Molaren (s. Zeichnung S. 82) im Oberkiefer, je 3 Molaren im Unterkiefer rechts/links und oben/unten

= je nach Rasse bis zu 42 Zähne

Kleine Anatomie des Gebisses

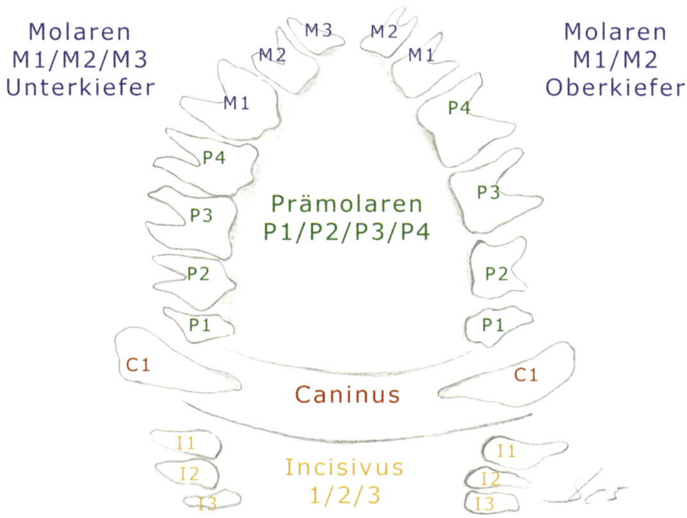

Man unterteilt das bleibende Gebiss des Hundes in vier Zahnabschnitte:

- Schneidezahn (Incisivus)
  I1/I2/I3 je zwei im Ober- und Unterkiefer
- Eckzahn (Caninus)
  C1 je zwei im Ober- und Unterkiefer
- vordere Backenzähne (Prämolaren)
  P1/P2/P3/P4 je zwei im Ober- und Unterkiefer
- Hintere Backenzähne (Molaren)
  M1/M2 je zwei im Oberkiefer
  M!/M2/M3 je zwei im Unterkiefer

Die beste Zahnpflege: Rohe Knochen

Durch die harte Struktur der Knochen werden die Zähne gestärkt, Kiefer trainiert, das Zahnfleisch massiert und das Gebiss natürlich gereinigt. Nun werden sich dennoch viele Leser fragen, ob diese nicht gefährlich sind und der Welpe sich daran verschlukken kann. Seien wir doch mal ehrlich: Wer etwas auf das Fressverhalten seines Welpen achtet, wird kaum in eine prekäre Lage kommen. Große Knochen zum Nagen, aber auch Markknochen sind hervorragend für die Reinigung und Pflege der Zähne geeignet. Weniger gut eignen sich Hühnerrücken-, -flügel etc. Diese dienen in erster Linie als Kalziumlieferant, um die Knochen und Zähne optimal damit zu versorgen!

Weiterhin stärkt die Speichelproduktion den Verdauungstrakt und die Zähne bleiben sauber!

Zahnerkrankungen – Die wichtigsten kurz zusammengefasst

Zahnerkrankung	Allgemein gilt:
Zahnschmelzveränderungen	*Gelbfärbung:* u. a. Verabreichung von Tetrazyklinen (antibiotisch wirksame Arzneistoffe) während der Zahnentwicklung von Welpen oder tragenden Hündinnen. *Gelbbraun bis Schwarz:* u. a. durch Pflanzenpigmente, wie zu viele Karotten oder Obst hervorgerufen – kann *nicht* entfernt werden. Aus diesem Grund auch Obst und Gemüse in Maßen füttern!
Zahndefekte	Schwere Allgemeinerkrankung gerade während der Zeit der Schmelzentwicklung können zu Schmelzdefekten führen (typisch: »Staupezähne«). Aber auch das Kauen auf Steinen und anderen harten Gegenständen können hierfür Auslöser sein.
Zahnkaries	Karies ist bakteriell bedingt und führt zur Demineralisierung der Zahnhartsubstanz. Hunde, die viele Kohlenhdrate erhalten, neigen eher zu Karieserkrankungen.
Zahnstein	*Sichtbarer Zahnstein:* Braune Verfärbung und Aufrauung der Zahnoberfläche > kann entfernt werden. *Unsichtbarer Zahnstein:* In den Zahntaschen befindlicher Zahnstein irritiert das Zahnfleisch, bietet einen Nährboden für Bakterien und führt zu Entzündungen. *Folge:* Parodontitis und Endokarditis (Entzündung der Herzinnenhaut).

Gesundheitsvorsorge

Mit Übernahme eines Welpen heißt es, Verantwortung für ein Lebewesen zu übernehmen, und zwar nicht nur für die Zeit als Welpe, sondern auch dann, wenn aus dem einst so kleinen Kerl ein großer und starker Wegbegleiter geworden ist! Dazu gehört nicht nur das tägliche »Alltagsgeschehen«, sondern auch die Pflege und Gesundheitsvorsorge seines Hundes. Jährliche Gesundheitschecks, aber auch das tägliche Reinigen der Augen, das wöchentliche Kontrollieren der Ohren und Pfoten usw. sollten daher für jeden verantwortungsvollen Hundebesitzer zur Selbstverständlichkeit werden. Nur so hat man eine Chance, Krankheiten vorzubeugen und früh genug zu erkennen!

Laborwerte für Blut, Urin etc.

Wenn Sie dieses Buch gekauft haben, möchten Sie sich, so nehmen wir an, etwas intensiver mit Ihrem Hund, der Hundeernährung und damit zusammenhängend der Hundegesundheit befassen – deshalb haben wir eine kleine Zusammenfassung der grundlegenden Informationen im Bereich »Laborwerte« zusammengestellt.

Oft läuft es doch beim Tierarzt so ab, dass der Hundebesitzer auf Gedeih und Verderb dem Urteil des behandelnden Arztes ausgeliefert ist. Dieses Gefühl war uns schon sehr lange zuwider, also haben wir uns kundig gemacht und siehe da, beispielsweise ein Blutbild zu deuten ist kein Hexenwerk und kann sehr viel über den Zustand des Vierbeiners erkennen lassen.

Ein tiefes Verständnis für die Funktionsweise des Hundekörpers lässt einen nicht ganz so hilflos dastehen, wenn mal etwas nicht in Ordnung ist. Natürlich sollte immer der erste Weg der zum Tierarzt führen, aber zumindest kann man sich Ursache und Wirkung verschiedener Zusammenhänge klarer machen und vielleicht sogar ein paar Rahmenbedingungen abändern.

Die Körperflüssigkeiten des Hundes geben uns im Allgemeinen eine gute Aussage über den aktuellen Gesundheitszustand unseres Hundes. Blut, Urin, Speichel etc. können in einer Laboruntersuchung ziemlich genaue Aussagen über bestimmte Krankheitsfelder geben.

Anhand der so gewonnenen Laborwerte kann man Therapien ausarbeiten, Ernährung umstellen, eventuelle Risikofaktoren besser einschätzen und eventuell verändern, weitere erforderliche Maßnahmen herausfinden und vieles, vieles mehr.

Schaut man sich ein Blutbild bewusst an, wird einem erst klar, wie alle Organe in schier unglaublicher Perfektion miteinander harmonieren und wie schnell durch äußere Umstände eine Disharmonie erzeugt werden kann. Das Basiswissen in diesem Bereich hat uns gelehrt, nachzuvollziehen, warum bei bestimmten Befunden weitere Untersuchungen vorzunehmen sind, warum bei manchen Organwerten die Ernährung umgestellt werden sollte, wie die einzelnen Komponenten aufeinander wirken, ob es Auffälligkeiten bei den Werten gibt.

Allem voran sollte man eines verstehen: *Den absoluten Normalwert gibt es nicht!*

Die so genannten Normalwerte, oder auch Referenzwerte genannt, leiten sich im Allgemeinen ab von der Mehrzahl der gesunden untersuchten Tiere ab (genauso verfährt man auch beim Menschen). Somit wird also irgendwann eine Grenze zwischen gesund und krank gezogen, was jedoch nur als ungefährer Richtwert angenommen werden kann. Beispielsweise können geringe Abweichungen von der so genannten Norm nichts bedeuten, wenn es sich um eine temporäre (zeitweise) Erhöhung oder

Erniedrigung handelt. Gleichzeitig kann ein krankes Tier völlig normale Werte aufweisen, während ein gesundes Tier mit einem total verschobenen Blutbild aufwartet und seine Besitzer in Angst und Schrecken versetzt.

Hier bleibt uns Laien oftmals nichts anderes übrig, als uns auf die Erfahrung und Kompetenz des gewählten Tierarztes zu verlassen, ob dieser eine Behandlung vorschlägt und wenn, dann welche.

Wichtig ist die Rundum-Anamnese – nicht nur die aktuellen Blutwerte, sondern auch das körperliche Befinden, der Glanz der Augen, die Schleimhäute, Lymphknoten, Kotuntersuchung, Abhören der Herzfrequenz, ggf. ein Röntgenbild, Ultraschall, CT o.ä. sind in den verschiedenen Fällen angesagt. Eine zweite Tierarztmeinung bei einem schwierigen und einschneidenden Befund hat noch keinem Tier geschadet und mittlerweile gibt es in Deutschland einige wenige Fachkliniken, die sich auf beispielsweise Onkologie, Ophthalmologie etc. spezialisiert haben und da sie den ganzen Tag nur mit Spezialpatienten zu tun haben, auf ihrem Gebiet ein großes Spektrum an Krankheiten abdecken können.

Übrigens ist es in der Veterinärmedizin wie in der Humanmedizin – Werte können sich ändern, so auch die Richtwerte. Hat man vor zwanzig Jahren noch die einen Normwerte anerkannt, so sind diese in den meisten Fällen wieder längst überholt.

Wichtig ist, dass der Tierarzt und das Labor Profis in der Probenentnahme sind. Einfaches Blutabzapfen reicht nicht mehr, das haben uns die letzten Jahre gelehrt. Messergebnisse sind sehr wohl äußeren Einflüssen unterworfen und eine fehlerhafte Probenentnahme oder die falsche Transportzeit ins Labor, die fehlerhafte Lagerung oder vieles mehr können die Auswertung der Probe und somit die Werte beeinflussen.

Weiterhin ist der Organismus des Hundes tageszeitlichen Schwankungen unterworfen, auch Geschlecht, Ernährung, Aktivitätsgrad, Alter etc. können Ergebnisse beeinflussen – ebenso wie Stress.

Durchschnittliche Werte für Temperatur, Puls, Atem

Normwerte	Kleine Rassen	Mittlere Rassen	Große Rassen
Rektale Körpertemperatur	37,5 - 39,2 °C	37,5 - 39,2 °C	37,5 - 39,2 °C
Atemzüge pro Minute in Ruhe	10 - 30	10 - 30	10 - 30
Pulsrate pro Minute in Ruhe	90 - 160	80 -130	70 - 110
Kapilläre Rückfüllungszeit (KFZ)	Die normale KFZ beträgt, unabhängig von der Größe des Hundes, zwischen 1 - 2 Sekunden (feststellbar durch Fingerdruck an der Schleimhaut/am Zahnfleisch)		

Schleimhautfarbe als Gesundheitsindikator

(Im gesunden Zustand > blassrosa bis rosarot, feucht, glatt, glänzend, ohne Auflagerungen)

Entzündungen, Aufregung, kardialer Schock, Endotoxinschock	Kreislaufschwäche, hypovolämischer Schock (Verlust v. Blut & Flüssigkeit)	Lebererkrankung, Hämolyse	Herzerkrankungen, Atemwegserkrankungen, Sauerstoffarmut
Rot > stärkere Durchblutung	Blass > schwache Durchblutung	Gelb > Ausfall von Gallefarbstoff ins Gewebe	Blau > der Blutfarbstoff Hämoglobin bindet weniger Sauerstoff und erscheint somit blau.
> Hyperämie	*> Anämie*	*> Ikterus*	*> Zyanose*

Nur die richtige Kombination aus Ernährung, Gesundheit, Spiel, Spaziergängen, Sonne, Training, Übungen, Ruhe und ein liebevoller Umgang sorgen langfristig für ein rundherum gesundes und glückliches Hundeleben.

Gefahren - Sicher durchs Leben

Welpen sind entdeckungsfreudig und möchten überall ihre Nase hineinstecken. Aus diesem Grund heißt hier die Devise: Alles wegräumen, was irgendwie Gefahr bedeutet!

Pflanzen, Putz- und Reinigungsmittel, Frostschutzmittel, Alkohol, Schokolade, Kosmetik, Tüten, Zigaretten – kurzum, Dinge, die uns oftmals harmlos erscheinen, können eine lebensbedrohliche Situation hervorrufen! Aber auch Treppen, Steckdosen und Kabel stellen für kleine und große Racker ein Risiko dar und sollten daher aus Gründen der Verletzung gut gesichert werden.

Bei vielen Stoffen, die für Hunde giftig sind, macht es natürlich die Menge, doch ist es ratsam, bereits im Vorfeld auf gewisse Dinge zu achten. Aus diesem Grund die unten aufgeführte Tabelle. Die komplette Erläuterung entnehmen Sie bitte auf unserer Seite www.der-gruene-hund.de.

Grad der Giftigkeit (siehe dazu: www.giftpflanzen.ch):
*** – leicht**
**** – mittel**
***** – sehr giftig**

Alkohol/Brennspiritus und Trocken-Spirituswürfel ***/Lebensbedrohlich	Bärlauch Zwiebel ***
Avocado (einige Sorten) ***	Calla ***
Alfalfa (Stängel und Blätter) **	Eisenhut ***
Adonisröschen ***	Efeu **
Aujeszky-Virus Bei Infizierung tödlich!	Eibe ***
Azalee **	Engelstrompete ***
Begonie ***	Fingerhut ***
Bohnen (roh) ***	Frostschutzmittel ***
Buchsbaum **	Goldregen ***

Gefahren

Glyzinie **	Thuja **
Holunderholz *	Weiße Nießwurz (vor allem Wurzeln und Blätter) ***/Lebensbedrohlich
Herbstzeitlose (Blüte) ***	Weintrauben ** (ab ca. 10 g pro kg Körpergewicht potenziell tödlich)
Hyazinthe **	Maiglöckchen ***
Narzisse ***	Oleander ***
Krokus **	Primeln ***
Knoblauch * bis *** (ab 5 g Knoblauch pro kg Körpergewicht über eine Dauer von 7 Tagen gilt Knoblauch für Hunde als toxisch)	Mäuse- und Rattengift ***/Lebensbedrohlich
Kunstdünger ***/Lebensbedrohlich	Insektizide jeglicher Art ***/Lebensbedrohlich
Pfaffenhütchen **	Mineralöl ***/Lebensbedrohlich
Rizinus ***	Medikamente von * bis ***
Rhododendron *	Pflanzengifte ***/Lebensbedrohlich
Schneckenkorn Bei Aufnahme tödlich!	Zwiebeln * bis *** (siehe Knoblauch)
Schokolade ***/Lebensbedrohlich	Zigaretten ***/Lebensbedrohlich

Erreger – Erhöhtes Risiko durch Rohernährung?

Natürlich ist die artgerechte Rohernährung kein Garant dafür, dass ein Hund nicht einmal erkrankt, doch wir sind der Meinung, dass Hunde, die ausschließlich roh ernährt werden, keinem höheren Risiko als »herkömmlich« ernährte Hunde ausgesetzt sind. Die nachfolgende Tabelle soll aus diesem Grund einen kleinen Überblick über bestimmte Erregerarten geben.

Aujeszky-Virus

Empfänglich: Schweine/Wildschweine, Rinder (selten), Hunde, Katzen, Nager

Überträger: In erster Linie Schweine (infiziertes Schweinefleisch), Ratten (beim Fressen), Luft (Tröpfcheninfektion)

Symptome/Krankheitsbild: Unter anderem starker Juckreiz (Pseudowut), Gehirnentzündung, allgemeine Symptome wie Schwellung der Mandeln, Speicheln und starkes Hecheln können vorkommen – außer beim Schwein!

Die Anfangssymptome bei Hunden sind zunächst nicht krankheitsspezifisch. Sie fressen nicht, würgen, erbrechen und zeigen Atmungs- und Schluckbeschwerden. Die Körpertemperatur kann in einigen Fällen über 41 Grad ansteigen. Der Allgemeinzustand verschlechtert sich rasant schnell. Die Hunde werden unruhig, laufen teilweise ziellos umher, um sich dann in einem matten Zustand hinzulegen. Der Gang wird schwankend, auch Aggressivität kann auftreten. Die Atemfrequenz steigt und in einigen Befunden zeigt sich eine ungleiche Pupillenveränderung. In den meisten Fällen wird eine einseitige Kratzerei, vorwiegend an Kopf, Ohr oder Nase festgestellt.

Prognose/Allgemeine Hinweise: Bei Ansteckung IMMER TÖDLICH – außer für Schweine! Rinder und Schafe, die mit diesem Virus infiziert sind, verenden innerhalb weniger Tage bzw. werden von den örtlichen Veterinärbehörden, Tierärzten oder Verantwortlichen getötet.

Die Schweiz ist frei von den Aujeszky-Virus, Deutschland hatte seinen letzten offiziellen Fall im Jahre 2000 mit 6 Fällen und 2001 waren diese auf 0 gesunken. Dieses Virus ist anzeigenpflichtig und Schweinebetriebe werden in Deutschland stichprobeartig überprüft. Die Inkubationszeit beträgt zwischen 2 – 8 Tagen. Das Aujeszky-Virus wird beim Kochen abgetötet!

Trotz allem empfehlen wir, ganz auf »Schweinereien« jeglicher Art zu verzichten.

Bovine Spongiforme Enzephalopathie (BSE)

Empfänglich: Rinder (BSE), Schafe/Ziegen (Scrapie) aber auch Nerze, Katzen (hierzu gibt es lt. BMELV Fälle aus Großbritannien), Hunde – In Deutschland wurden lt. BMELV noch keine Erkrankungen beobachtet. Menschen (Creutzfeldt-Jakob-Krankheit).

Überträger: Bei Tieren in erster Linie durch kontaminiertes Futter (Tiermehle)/Nahrung aber auch durch die Übertragung von Blut und Fruchtwasser durch die Muttertiere. Schmierinfektionen werden aber nicht ausgeschlossen!

Symptome/Krankheitsbild: Die Inkubationszeit von BSE bei Rindern beträgt bis zu mehreren Jahren. Die typischen Symptome sind u. a.:

- Verhaltensänderung
- Bewegungsstörung
- Reagieren mitunter schreckhaft auf optische und akustische Reize
- Muskelkontraktion
- Juckreiz

Folge: Degeneration des Gehirns und mit Prionen durchlöchertes, schwammiges Gewebe.
Anmerkung: Die Tatsache, dass das Prion KEINE genetische Erbinformation enthält, macht die Diagnostik auch entsprechend schwierig (PCR/RT-PCR nicht möglich).

Prognose/Allgemeine Hinweise: Die Tiere sterben innerhalb weniger Monate!

In der letzten sieben Jahren (2000 - 2007) wurden in Deutschland lt. BMELV über 400 Fälle von BSE bestätigt.

Neospora Caninum

Empfänglich: In erster Linie Rinder, aber auch Schafe, Ziegen, Schweine, Wildtiere, Mäuse, Hunde und Katzen

Überträger: Fleisch von infizierten Rindern, Aborte etc., selten Hundekot.

Symptome/Krankheitsbild: Beim Hund u. a. Muskelatrophie (neuromuskuläre Erkrankung), spastische Hyperextension, Paralyse (schlaffe Lähmung), Kopfschiefhaltung, Dysphagie (Schluckstörung) und Inkontinenz.

Weiterhin können bei generalisierten Formen Veränderungen in verschiedenen Organen, einschließlich der Haut, auftreten und sich u. a. in Myositis (entzündl. Erkrankung der Skelettmuskulatur), Myokarditis (entzündl. Erkrankung des Herzmuskels), ulzerativer Dermatitis (Hauterkrankung), Pneumonie (Lungenentzündung) manifestieren. In chronischen Fällen, auch bei älteren Tieren, wurden Aggressivität, Teilnahmslosigkeit und andere Veränderungen im Verhalten beobachtet. Welpen mit Lähmungen der Hinterhand können bei weitgehend ungestörtem Allgemeinbefinden monatelang überleben.

Des Weiteren können bei Hunden nekrotische Herde im ZNS oder der Leber sowie feine gelbliche – weiße Streifen in der Muskulatur – Hinweise auf die Infektion geben. Der Erregernachweis erfolgt per PCR.

Prognose/Allgemeine Hinweise: Behandlung erfolgt durch den Tierarzt. Der Behandlungserfolg ist abhängig vom klinischen Verlauf und vom Zeitpunkt der Chemotherapie.

Wie überall besteht auch hier ein Risiko. Dennoch ist eine Übertragung in der Rohernährung unserer Meinung nach eher gering.

Es gibt Hinweise darauf, dass in erster Linie Hofhunde, die *Aborte von infizierten Rindern aßen,* an Neospora Caninum erkrankten

Eine Abtötung des Erregers ist durch Einfrieren möglich. Wer also kein Vertrauen in seine Bezugsquelle hat, der kann ausschließlich »eingefrorenes« Fleisch füttern.

Salmonellen

Empfänglich: Menschen und Tiere (Immunschwache Tiere unterliegen hier einem größeren Risiko)

Überträger: Meist rohes Geflügel, aber auch bei schlechter Hygiene bzw. Lagerung von Lebensmitteln. Auch Trockenknabbereiern wie Schweineohren etc. können mit Salmonellen belastet sein!

Symptome/Krankheitsbild: U. a. blutiger Durchfall, Erbrechen, mehrtägige Fieberschübe, Lungenentzündung, Aborte, Totgeburten, lebensschwache Welpen.
Bei schweren Infektionen: U. a. Bakterien im Blut (Bakteriämie), schwaches Allgemeinbefinden, Unterkühlung (Hypothermie), Schock.

Prognose/Allgemeine Hinweise: Behandlung erfolgt durch den Tierarzt. Heilbar!

Da eine Übertragung mit Salmonellen für uns Menschen erheblich schlimmer ist, sollten wir bei der Verarbeitung speziell von rohem Geflügelfleisch danach immer gründlich die Hände waschen und auf hygienische Vorschriften achten!

Toxoplasmose

Empfänglich: Menschen und Tiere

Überträger: Schlachtabfälle von Schweinen und Wildtieren. Selten Schaf- und Ziegenfleisch.

Eine Ansteckung durch die monatelang im Boden überlebenden sporulierten, von Katzenkot stammenden Oozysten erfolgt eher selten.

Symptome/Krankheitsbild: Erkrankung selten, wenn doch, dann eher Jungtiere.
U. a. Anorexie (Appetitlosigkeit) bei Hunden und Katzen, Pneumonie, Hepatitis (Leber-

entzündung), Ikterus (Gelbsucht), Diarrhö (Durchfall), Enzephalitis (Gehirnentzündung), Nephritis (Nierenerkrankung), Myokarditis, Myositis. Nicht immer klinische Symptome! Allgemeinstörungen mit Fieber, Lymphadenopathie (Schwellung der Lymphknoten), Husten, Tonsillitis (Mandelentzündung), Brechdurchfall und abdominaler Palpationsschmerz können hinzukommen.

Prognose/Allgemeine Hinweise: Behandlung erfolgt durch den Tierarzt.

Wird eine spezifische Behandlung sofort begonnen und liegen keine neurologischen Symptome vor, ist ein Kurieren relativ günstig.

Tipp: Bei Haltung einer Katze, deren Kot immer sofort sorgfältig beseitigen. Kranke Hunde stellen kein Ansteckungsrisiko dar. Endwirte für Toxoplasmen sind Katze und katzenartige Tiere.

Eine Abtötung erfolgt entweder durch Einfrieren bei - 18 Grad drei Tage lang bzw. durch Erhitzen bei + 66 Grad.

Giardiose

Empfänglich: Menschen und Haussäugetiere

Überträger: Die im Kot von Wirten ausgeschiedenen Zysten. Überträger können Wiederkäuer, Hunde, Katzen, Biber und Ratten sein.

Symptome/Krankheitsbild: Infektion bei Haustieren meist inapparent (nicht sichtbar, ohne auffällige Symptome).

Bei Hunden und Katzen in erster Linie bei Jungtieren und diese manifestiert sich in akutem, häufiger aber in chronischen Durchfall, der dünnbreiig bis wässrig meist auch mit Schleim und Fett, selten auch Blutbeimischungen enthält. Gelegentlich tritt Erbrechen auf.

Die Inkubationszeit beträgt bis zu 10 Tage.

Prognose/Allgemeine Hinweise: Behandlung erfolgt durch den Tierarzt.

Allgemeine Hygienemaßnahmen sind zu beachten.

Hunde und Katzen stecken sich u. a. durch kontaminiertes Wasser an.

Die Abtötung der Zysten erfolgt durch eine Temperatur über 60 Grad!

Clostridien

Clostridien sind Bakterien, die unter Sauerstoffabschluss gedeihen und kommen fast überall vor. Unter bestimmten Bedingungen können einige von ihnen jedoch hochgiftige Toxine bilden wie z. B. das Botulismus-Toxin.

Empfänglich: Immunsupprimierte oder unter Stress stehende Tiere, Hunde, Katzen eher selten.

Überträger: Bei Hunden und Katzen nimmt man lt. M. Gaskell und M. Bennett an, dass sich die Tiere durch den Kontakt mit Nagetieren infizieren oder über Wasser und Nahrung, welche durch die Ingestion des gebildeten Toxins von Clostridium Botulinum verunreinigt ist (u. a. durch Hunde- und Katzenkot).

Symptome/Krankheitsbild: U. a. Anorexie, schwaches Allgemeinbefinden, Schmerzen im Abdomen und Dilatation (dehnen) der Darmschlingen, Hepatomegalie (abnorme Vergrößerung der Leber), sowie Ikterus.

Lähmung der Hinterhand bis hin zu den Vorderbeinen, Lähmung der Atemmuskulatur, akute oder chronische Verstopfung des Darmes, Harnzurückhaltung.

Spastische Lähmung, steifer Gang, gestreckter Schwanz, Überempfindlichkeit, Muskelkrämpfe, erschwerte und/oder schmerzhafte Harnentleerung, Kreisbewegungen bis hin in schweren Fällen zu einer atmungsbedingten Lähmung, die zum Tode führt!

Prognose/Allgemeine Hinweise: Behandlung erfolgt durch den Tierarzt.

Das Bakterium Clostridum perfringens gehört zur »normalen« Darmflora von Nagetieren.

Hunde und Katzen sind relativ resistent. Beim Wachstum dieses Bakteriums entsteht – unter Ausschluss von molekularem Sauerstoff – das Neurotoxin »Tetanospasmin«, welches Tetanus verursacht.

Helicobacter

Empfänglich: Menschen (Helicobacter pylori), Hunde, Katzen

Überträger: Lt. Niemand erfolgt die Übertragung vermutlich fäkal-oral oder oral-oral u. a. durch Muttertiere.

Symptome/Krankheitsbild: U. a. Gastritis, Verminderung oder Erhöhung der Magensäureproduktion, chron. Erbrechen, Durchfall, Appetitlosigkeit oder vermehrte Futteraufnahme.

Achtung: Lt. Prof. Neiger/Giessen vermutlich keine obligate Pathogenität von helicobacterartigen Spirillenbakterien bei Hund oder Katze.

Prognose/Allgemeine Hinweise: Einige Helicobacter-Stämme sind resistent gegen Antibiotika. Die Ernährung sollte wenn möglich basenreich bzw. es sollten basenbildende Lebensmittel wie frisches Obst, Gemüse, Kartoffeln gewählt werden. Besonders günstig soll sich lt. einer aktuellen Studie Brokkoli auf eine Erkrankung mit Helicobacter auswirken. In Brokkoli befindet sich die Substanz »Sulforaphan«, ein Bestandteil des Brokkolis, dem eine positive Eigenschaft auf die Heilung zugeschrieben wird! Auch probiotischer Joghurt sollte bei einer Infektion der Mahlzeit untergemischt werden.

Staphylokokken

Empfänglich: Menschen, Hunde, Katzen

Überträger: U. a. von Hund zu Hund aber auch durch Schmierinfektionen. Weiterhin sind passive Übertragungen durch Menschen möglich.

Symptome/Krankheitsbild: Rufen u. a. Entzündungen von Haut, Schleimhaut, Angina, Ohren, Nase und Blase aber auch Wundeiterungen hervor. Oft unbemerkt im Körper vorhanden und werden erst durch Stress, Krankheit oder Glukokortikoidtherapie ausgelöst.

Prognose/Allgemeine Hinweise: Behandlung erfolgt durch den Tierarzt.

Gehört zur normalen Haut- bzw. Schleimhautflora, nur in zu großer Anzahl problematisch.

Streptokokken

Empfänglich: Menschen, Hunde

Überträger: Tröpfcheninfektion, aber auch durch direkten Kontakt.

Symptome/Krankheitsbild: U. a. Entzündungen der Schleimhäute, Wundinfektionen und Abszesse. Bei Welpen u .a. Nabelentzündungen oder Polyarthritis.

Prognose/Allgemeine Hinweise: Behandlung erfolgt durch den Tierarzt.

Gehört zur normalen Haut- bzw. Schleimhautflora, nur in zu großer Anzahl problematisch.

B.A.R.F.: Die häufigsten Fragen

Warum roh und nicht gekocht?

Ganz einfach: Die meisten Lebensmittel liefern im rohen Zustand alle wichtigen Nährstoffe, die der Organismus zum Leben braucht. Ausnahmen bestätigen jedoch auch hier die Regel.

Warum kein Schwein?

Schweinefleisch kann mit dem Aujeszky-Virus befallen sein. Der Erreger ist eine Herpesvirusart, die vornehmlich Schweine befällt.

Für den Menschen eher ungefährlich, ist der Virus für unsere Hunde immer tödlich. Die Symptome gleichen, wie schon beschrieben, der Tollwut – hat ein Hund verseuchtes Schweinefleisch gefressen, so tauchen nach einer Inkubationszeit von zwei bis neun Tagen erste Symptome wie Mattigkeit und Appetitlosigkeit auf. Darauf folgen Lähmungserscheinungen des Schlundapparates, Schluckbeschwerden, Speichelfluss und ein nicht zu unterdrückender Juckreiz. Nach Kratz- und Leckattacken, bei denen der Hund sich blutig scharrt, treten Krämpfe und Tobsuchtsanfälle auf, zum Schluss hin nur noch Lähmungen und schließlich unabwendbar der Tod.

Leider gibt es bis heute immer noch keine therapeutischen Maßnahmen, die den Krankheitsverlauf stoppen können. Kein Impfstoff ist in Sicht und so können wir von rohem Schweinefleisch nur abraten.

Übrigens sind mangelhaft durcherhitzte, getrocknete Schweineohren ebenfalls ein Risikofaktor, da sich nicht nur Salmonellen hartnäckig in ihnen halten können.

Mein Hund schlingt. Knochen tabu?

Mal ganz davon abgesehen, dass der Verdauungstrakt darauf ausgelegt ist, große Futtermengen zu schlingen, ist die Angst, einem Schlinger Knochen zu füttern, teilweise verständlich. Hier bietet sich an, in erster Linie große, fleischige Knochen zu füttern, da der Hund kaum größere Stücke abbeißen kann. Ansonsten können Hühnerhälse und -flügel, Putenhälse etc. gewolft und als Knochenmahlzeit gefüttert werden. Gleiches gilt für Fisch, der roh mit Kopf und Gräten (komplett) gefüttert werden kann.

Welche Mengen braucht mein Welpe tatsächlich?

Die Formel von 5 - 7 % bei Welpen und 2 - 3 % bei Junghunden und erwachsenen Hunden hilft am Anfang, eine durchschnittliche Menge zu ermitteln. Ist der Hund zu dünn, erhöht man die Menge, ist er zu dick, reduziert man diese. Das ideale Gewicht ist erreicht, wenn die Rippen noch gut fühlbar sind.

Was tun, wenn mein Welpe kein Gemüse mag?

Auch das ist kein wirkliches Problem. Pürieren Sie das Gemüse zu einem fast flüssigen Brei und vermengen Sie alles mit dem Fleisch, so dass Ihr Hund nichts »herauspicken« kann. Zusätzlich kann man zu Beginn der Umstellung die Mahlzeit mit etwas

Thunfisch aus der Dose (am besten in Olivenöl eingelegt) schmackhafter machen.

Mein Welpe nimmt nicht zu, was tun?

Welpen, die nur sehr schwer an Substanz gewinnen, kann man z. B. ab und zu etwas Reis unter die Mahlzeit mischen. Hat der Welpe sein optimales Gewicht erreicht, kann man jedoch getrost darauf verzichten.

Ab welcher Lebenswoche erfolgt die Beifütterung?

Das kommt auf verschiedene Faktoren an. Empfehlenswert ist sie ab der 4./5. Woche. Jedoch nicht vor der 3. bis 4. Lebenswoche, da erst zu diesem Zeitpunkt die Salzsäurebildung im Magen beginnt. Besondere Umstände wie zum Beispiel gesundheitliche Probleme der Mutterhündin oder der Welpen stehen hier außen vor und erfordern die vorzeitige Gabe eines Milchaustauschers.

Ab welcher Lebenswoche rohe Knochen?

Mit der 6./7. Lebenswoche sind alle Milchzähne vorhanden, das heißt ab dieser Zeit können bereits gewolfte Hühnerhälse etc. sowie große Kalbsknochen (Zahnreinigung) zum Nagen gefüttert werden.

Welche Zusätze sind für Welpen sinnvoll?

Grundsätzlich reicht eine ausgewogene und abwechslungsreiche Ernährung in Form von Fleisch, Innereien, aufgeschlossenem Gemüse, Obst und Knochen aus.

Zusätze sollten bei Bedarf angewendet werden. Zur Unterstützung im Wachstum ist jedoch z. B. eine kleine Messerspitze Perna Canaliculus 1 x wöchentlich eine sinnvolle Zugabe.

Und die Salmonellen?

Viele Menschen bekommen zuerst mal einen Schrecken, wenn man von rohem Geflügelfleisch spricht. Als Salmonellenüberträger scheint uns das Federvieh hochinfektiös und man neigt zum Abkochen, der Gesundheit zuliebe.

Betrachtet man aber den Magen-Darm-Trakt des Hundes, so fällt auf, dass dieser erst mal um ein Deutliches kürzer ist als der des Menschen und die Magensäure um ein Vielfaches aggressiver. Die meisten Bakterien und Krankheitserreger haben aufgrund dieser Kombination keine Chance, sich einzunisten.

Fazit: Weder bei einem unserer Welpen noch bei den erwachsenen Hunden kam es je zu einer Infektion. Allerdings kann jeder, der sich doch zu unsicher sein sollte, entweder auf Geflügelfleisch verzichten oder aber selbiges abkochen, was allerdings die besten Inhaltsstoffe schon mal durch das Erhitzen zerstört (viele Eiweiße und Vitamine denaturieren schon bei recht geringen Temperaturen).

Was ist was? - Zusatzstoffe erklärt

Die meisten Inhaltsstoffe müssen auf Lebensmittelpackungen nicht namentlich aufgeführt werden, sondern werden als Zusätze unter »EWG-Zusatzstoff« gelistet, ohne dass sich der Käufer wahrscheinlich etwas unter dem Begriff vorstellen kann. Wir versuchen, etwas Abhilfe zu schaffen:

Antioxidantien

Tocopherole (Vitamin E), Vitamin C, Buthylhydroxytoluol (BHT), Ethoxyquin, Gallate, BAT, etc.

Aromamittel und Appetizer

Alle natürlichen, aber auch alle ihnen entsprechenden synthetischen Stoffe.

Binde-/Gerinnungsstoffe

Kaolinit, Zitronensäure, Kieselsäure, Stearate (Bentonit, Montmorillonit).

Emulgatoren, Stabilisatoren, Gelierhilfen

Unter anderem Glyzerinverbindungen, Polyethylenglukol, Propandiol, Gummi arabicum, Pektine, Zellulosepulver, Glyzerin, Guargummi.

Färbemittel

Karotinoide (z. B. aus Orangenschalen, Mais, etc.), Patentblau, Gelborange, Tartrazin.

Konservierungsmittel

Salz-, Schwefel-, Wein-, Essig-, Sorbin-, Zitronen-, Milch- und Phosphorsäure, aber auch teilweise Natriumnitrit und Natriumbisulfat.

Säureregulatoren

Kalziumkarbonat, Salz- und Schwefelsäure, Ammoniumchlorid.

Künstliche Spurenelemente

Eisen, Jod, Zink, Selen, Kupfer, Mangan, Molybdän.

Künstliche Vitamine

Vitamin A, B1, 2, 6, 12, C, D, E, K, Betakarotin, Biotin, Panthothensäure, Fol- und Nikotinsäure.

Wichtige Abkürzungen und Schlagworte

g: Gramm
mg: Milligramm (1 mg = 0,001 g)
µg: Mikrogramm (1 µg = 0,001 mg)
Oxalsäure: Kalziumbinder
Malonsäure: Krankmachender Stoffwechselhemmer
Verdauungsenzyme: Helfen, die Nahrung besser zu verdauen. Verdauungsenzyme entstehen aus dem Organismus selbst, u. a. durch Mikroorganismen im Darmchymus.
Cholesterin: Fettähnliche Substanz. Vorkommend speziell in Lebensmitteln tierischer Herkunft bzw. in geringen Mengen auch in pflanzlichen Fetten und Ölen.
Sekundäre Pflanzenstoffe: Bilden einen natürlichen Schutz gegen Feinde. So senken diese z. B. das Krebs- bzw. Herz-Kreislauf-Erkrankungsrisiko. Wirken weiterhin u. a. positiv auf das Immunsystem, die Cholesterin- und Blutzuckerwerte.
Kohlenhydrate: Man unterscheidet: *Hochmolekulare Kohlenhydrate*, zu denen Stärke und Zellulose gehören. *Niedermolekulare Kohlenhydrate*, zu denen leicht löslicher Zucker gehört. Zellulose muss immer aufgeschlossen werden, da der Hund diese sonst nicht nutzen kann.
Ballaststoffe: Nahrungsbestandteil wie Zellulose, Pektin. Werden von den Darmbakterien teilweise gespalten und so für den Organismus in geringen Mengen verwertbar.
Eiweiß: Auch Protein genannt (griechisch *proton* = das Erste/Wichtigste). Nicht das Protein an sich ist für den Organismus wichtig, sondern seine Bausteine – die Aminosäuren. Tierisches Protein ist biologisch wertvoller als pflanzliches. Proteine gehören zu den Grundbausteinen aller Zellen.
Energie: Entsteht durch die Verbrennung von Fetten und Kohlenhydraten. Energie ist wichtig für das Wachstum, die Aufrechterhaltung der Körpertemperatur sowie für alle Stoffwechselleistungen.
Nahrungsfette: Bestehen in erster Linie aus Glyzerin und Fettsäuren sowie aus Fettbegleitstoffen wie fettlöslichen Vitaminen, Farb- und Aromastoffen und Antioxidantien.
Fettsäuren: Werden unterteilt in gesättigte und ungesättigte. Viele Fettsäuren enthalten den höchst möglichen Wasserstoffatom-Anteil, was für die Bezeichnung *gesättigt* spricht. Besitzen die Fettsäuren nur zwei Wasserstoffatome weniger, nennt man sie *einfach ungesättigt* und bei vier, sechs und acht Wasserstoffatomen weniger *mehrfach ungesättigt*.

Für den Fall der Fälle - Kleine homöopathische Notfallapotheke

nach H. G. Wolff: Unsere Hunde gesund durch Homöopathie, 14. Auflage

Ursache	Homöopathisches Mittel	Ursache	Homöopathisches Mittel
Bronchitis	Aconitum D6 stündlich (Chronisch: Belladonna D6 und Bryonia D6)	**Vergiftungen (Tierarzt aufsuchen!)**	Allgemein: Nux vomica Fleisch: Arsenicum album D6
Erbrechen	Beim Autofahren: Cocculus D6 Anderes Erbrechen: Nux vomica D6	**Verstauchungen**	Arnica D3 und Rhus toxicodendron D8 stündlich im Wechsel
Nierenentzündung	Apis D3 und Cantharis D5 stündlich im Wechsel	**Wurmbehandlung**	Spulwurmbefall/ Welpen: Abrotanum D3 3 x täglich für 7 - 10 Tage Spulwurmbefall/ Erwachsene Hunde: Abrotanum D2 3 x täglich für 7 – 10 Tage Hakenwurmbefall: Carduus marianus D3 3xtäglich 4 Wochen lang
Ohrenentzündung	Pulsatilla D200 morgens und abends für 2 Tage	**Läufigkeit/ Regulierung**	Aristolochia D15 – Pulsatilla D3 und Apis D3 für 3 Wochen
Scheinschwangerschaft	Pulsatilla D30 Mit ausgeprägtem Durst: Cyclamen D30	**Magenkatarrh**	Nux vomica D6 und Pulsatilla D4 stündlich im Wechsel
Hitzschlag/ Sonnenstich	Aconitum D6 alle 10 Minuten Mit Schwindel: Gelsemium D6	**Zahnschmelzdefekte**	Silicea je 2 Wochen lang D4 – D6 – D10 - !2
Karies	Staphisagria D6 und Kreosotum D6 für 3 Wochen als Basisbehandlung	**Zwingerhusten**	Antimonium arsenicosum D6, mehrmals täglich

Achtung: Homöopathische Hochpotenzen sollten in Absprache eines erfahrenen Tierheilpraktikers gegeben werden.

Last but not least ...

Wir hoffen, Sie mit diesem kleinen Ratgeber nun etwas mehr davon überzeugt zu haben, Ihren Welpen und Junghund in Zukunft artgerecht zu ernähren. Sollten Sie dennoch etwas unsicher sein, so sind wir natürlich gerne bereit, Sie und Ihren kleinen Freund auf den ersten Schritten in Richtung artgerechte Rohernährung zu begleiten. Unsere Kontaktadresse finden Sie im Anhang.

Anhang

Literaturnachweis

[1] Zentek, J. und Meyer, H.: *Ernährung des Hundes.* Berlin, 2001; Aign, W., Elmadfa, I. u. a., *Die große GU Nährwert Kalorien Tabelle.* Stuttgart, 2007.
[2] Zentek, J. und Meyer, H.: *Ernährung des Hundes.* Berlin, 2001.
[3] Zentek, J. und Meyer, H.: *Ernährung des Hundes.* Berlin, 2001.
[4] Zentek, J. und Meyer, H.: *Ernährung des Hundes.* Berlin, 2001.
[5] Pascal Prélaud, *Allergologie beim Hund.* Berlin, 2002.

Quellen

Ammerman, Clarence B.; Baker, David P. und Lewis, Austin J.: *Bioavailability of Nutrients for Animals. Amino Acids, Minerals, Vitamins.* New York, 1995.
Anderson, Ronald S. und Meyer, Helmut: *Ernährung und Verhalten von Hund und Katze.* Hannover, 1984.
Arndt, Ulrich: *Spirulina, Chlorella, AFA-Algen.* Freiburg, 2003.
Billinghurst, Ian: *Give Your Dog a Bone.* Selbstverlag des Autors,1993.
Billinghurst, Ian: *Grow Your Pup with Bones.* Selbstverlag des Autors, 1998.
Budras, Klaus Dieter; Fricke, Wolfgang und Richter, Renate: *Atlas der Anatomie des Hundes.* Hannover, 2007.
Case, Linda P. (Hrsg.), Carey, Daniel P. (Hrsg.) und Hirakawa, Diane A.: *Ernährung von Hund und Katze.* Stuttgart, 1999.
Cavillon, Evelyn: *Omega 3, Lebertran & Co. Natürlich fit und vital mit essenziellen Fettsäuren.* Güllesheim, 2005.
Cordain, Loren: *Das Getreide – Zweischneidiges Schwert der Menschheit.* Arnsberg, 2004.
Coulter, Harris L.: *Impfungen, der Großangriff auf Gehirn und Seele.* München, 2004.
Croft, John: *Heilkraft aus dem Meer.* Weil der Stadt, 2000.
Delarue, Fernand und Delarue, Simone: *Impfungen, der unglaubliche Irrtum.* München, 8. Aufl. 2008.
Ehrensperger, Dr. C. P.: *Krebs – Krank? Nein danke – ohne mich.* Lenzburg, 2002.
Feddersen-Petersen, Dorit Urd: *Hundepsychologie: Sozialverhalten und Wesen.* Stuttgart, 2004.
Frey, Hans-Hasso und Löscher, Wolfgang: *Lehrbuch der Pharmakologie und Toxikologie für die Veterinärmedizin.* Stuttgart, 2007.
Frost, Birgit: *Naturnahe Ernährung für Hunde.* Lahnstein, 2002.
Grimm, Hans-Ulrich: *Katzen würden Mäuse kaufen. Schwarzbuch Tierfutter.* München, 2009.
Grimm, Hans-Ulrich und Zittlau, Jörg: *Vitaminschock.* München, 2002.
Kengeter, Birgit: *Die Bedeutung von Ziegenmilch für die menschliche Ernährung.* Schriftreihe des Arbeitskreises für Ernährungsforschung, Band 1, 2003.
Krautwurst, Dr. Friedmar: *1x1 der Hundeernährung.* Mürlenbach, 2000.
Lange, Herwig: *Mit Linus Paulings Forschungsergebnissen gesund werden, gesund bleiben.* Berlin/München, 2006.
Meyer, Helmut und Zentek, Jürgen: *Hunde richtig füttern.* Stuttgart, 2004.
Niemand, Hans-Georg; Suter, Peter F.: *Praktikum der Hundeklinik.* Berlin, 2006.
Nowottnik, Klaus: *Propolis. Heilkraft aus dem Bienenvolk.* Graz, 2003.
Pollmer, Udo und Warmuth, Susanne: *Lexikon der populären Ernährungsirrtümer.* München, 2002.
Pollmer, Udo; Fock, Andrea und Gonder, Ulrike: *Prost Mahlzeit!* Köln, 2001.
Quast, Carolin: *Heilkräuter und Heilpflanzen. Therapie für Hunde und Katzen. Ein Symptomverzeichnis.* Neckarsulm, 2006.
Rahn-Huber, Ulla: *Aloe Vera.* Köln, 2005.
Seeger, J.; Salomon, F.V. und Schoon, D.: *Veterinärmedizin für Tierarzthelfer/innen.* Zwickau, 2000.
Selbitz, Hans-Joachim und Moos, Manfred: *Tierärztliche Impfpraxis.* Stuttgart, 3. Aufl. 2006.

Storl, Wolf-Dieter, *Kräuterkunde.* Bielefeld, 2002.
Teschke, Rolf: *Toxische Lebererkrankungen.* Stuttgart, 2001.
Kammerer, Klaus D.: *Der Jahrtausendirrtum der Veterinärmedizin.* Eggenstein-Leopoldshafen, 2002.
Wenz, Jürgen: *Doggy Bag – Backen für Hunde.* Frankfurt, 2003.
Wolff, Hans Günter: *Unsere Hunde gesund durch Homöopathie.* Stuttgart, 2002.
Zimen, Erik: *Der Hund: Abstammung – Verhalten – Mensch und Hund.* München, 1992.
Zimen, Erik: *Der Wolf: Verhalten, Ökologie und Mythos.* Stuttgart, 2003.

Sonstige Quellen

Getreidemühle Maußhard, Erlenbach & Dr. Bornhold, Cremer Futtermühlen, Mannheim
www.naehrwertrechner.de (Fleisch & Knochen)
Schwamm & Cie mbH, www.schwamm.com (Fleisch & Knochen)
AID, Auswertungs- und Informationsdienst für Ernährung, Landwirtschaft und Forsten Ammermann/Baker/Leewis, Bioavailability of Nutrients for Animals /Amino Acids, Minerals, Vitamins, www.aid.de

Andere Bücher der Autoren

B.A.R.F. – Artgerechte Rohernährung für Hunde
Ein praktischer Ratgeber, Kynos Verlag

Kontakt zu den Autoren

Fragen zu unseren Produkten

info@der-gruene-hund.de

Direktkontakt zu den Autoren

autoren@barf-buch.de

Internetseiten der Autoren

www.der-gruene-hund.de
(Gemeinschaftsseite Schäfer/Messika & Onlineshop)
www.barf-buch.de
(Gemeinschaftsseite Schäfer/Messika & Informationen zu unseren Büchern)

Service: Wichtige Adressen

Ammenvermittlung

www.hundeamme.de

Blutdatenbank für Hunde

www.weissepfoten.de

Schweizer Giftdatenbank

www.giftpflanzen.ch

Zugelassene Labors für die Titerbestimmung

Institut für Virologie

Frankfurter Straße 107
D-35392 Gießen
Tel.: 0049 (0) 641 9941201
Fax: 0049 (0) 641 9941209
mail: viro@vetmed.uni-giessen.de
www.uniklinikum-giessen.de/virologie

Landesuntersuchungsamt für das Gesundheitswesen Südbayern
Veterinärstraße 2
D-85764 Oberschleißheim
Tel.: 0049 (0) 89 31560-321
Fax: 0049 (0) 89 31560-459

Landesveterinär- und Lebensmitteluntersuchungsamt Sachsen-Anhalt
Außenstelle Stendal
Haferbreiter Weg 132 - 135
D-39576 Stendal
Tel.: 0049 (0) 3931 6310

Staatliches Veterinäruntersuchungsamt
Zur Taubeneiche 10 - 12
D-59821 Arnsberg
Tel.: 0049 (0) 2931 8090

Institut für epidemiologische Diagnostik
Bundesforschungsanstalt für Viruskrankheiten der Tiere
Seestraße 155
D-16868 Wusterhausen
Tel.: 0049 (0) 3397 9800

Formularvorlage zur Kontrolle der Aufzucht mutterloser Welpen

Wurftag: ____.____.20____ um ____:____ Uhr Wurfstärke:

Bemerkungen zur Geburt:

Tag	Fütterungszeit												Gewicht	Bemerkung
1														
2														
3														
4														
5														
6														
7														
8														
9														
10														
11														
12														
13														
14														
15														
16														
17														
18														
19														
20														
21														

INDEX der Lebensmittel und wichtigsten Suchbegriffe

B.A.R.F.-Spickzettel – Züchterempfehlung ab der 4./5. Lebenswoche: Das kann gefüttert werden

Ausführliche Produkterläuterungen ab Seite 25.

Obst (püriert und nur sehr reif!)	**Gemüse** (püriert)	**Getreide (bei Bedarf) und Sonstiges**	**Fleisch, Fisch und Innereien** (gewolft)	**Fleischige Knochen AB DER 6./7. WOCHE**	**Gesunde Zusätze (bei Bedarf) und Öle**
Bananen Äpfel	Karotten/Mören Fenchel Chinakohl Zucchini **AB DER 6./7. WOCHE** Salat	Reis, gekocht (für die Kleinen KEINEN Naturreis, da schwer verdaulich!) Milchreis (in Wasser gekocht!) Vorgequollene • Hirseflocken • Reisflocken • Haferflocken* Hüttenkäse Quark (40 %) Ziegenquark Ziegenmilch Eigelb samt Schale *vorausgesetzt, der Hund verträgt diese!	Rindfleisch Pferdefleisch Herz Lachs **AB DER 6./7. WOCHE** (gewolft) Hühnchen Pute Kalbfleisch Schlundfleisch Maulfleisch Kopffleisch Grüner Pansen Blättermagen	Hühnerflügel (gewolft) Hühnerhälse (gewolft) Hühnerrücken (gewolft) Zur Zahnpflege: Kalbsknochen zum Nagen (große Knochen, an denen nicht viel abgeht und die den Milchzähnchen nicht schaden)	Acerola oder Hagebuttenpulver Perna Canaliculus Bierhefeflocken Heilerde Hochwertige Öle (siehe Seiten 14/15)

B.A.R.F.-Spickzettel – Empfehlung ab der 12. Lebenswoche und Junghunde: Das kann *zusätzlich* gefüttert werden

Ausführliche Produkterläuterungen ab Seite 30.

Obst (püriert und nur sehr reif!)	**Gemüse** (püriert)	**Getreide (bei Bedarf) und Sonstiges**	**Fleisch, Fisch und Innereien**	**Fleischige Knochen** (ggf. gewolft oder gehackt)	**Gesunde Zusätze (bei Bedarf)**
Aprikosen Birnen Brombeeren Erdbeeren Himbeeren	Rote Bete Mais Rucola Salatgurke Blumenkohl	Kartoffeln, gekocht (Grenzfall, s. S. 32) Nudeln Vorgequollene Dinkelflocken Nüsse Buttermilch Naturjoghurt	Lammfleisch Schaffleisch Ziegenfleisch Wild (Reh, Hirsch) Innereien (Leber, Lunge usw.) Hase/Kaninchen Makrelen Dorsch Forelle Thunfisch Sprotten etc.	Putenhälse Kalbschwänze Lammbrustknochen Kalbsbrustknochen Beinscheibe etc. Zur Zahnreinigung: Große Kalbsröhrenknochen Große Rinderröhrenknochen Markknochen (keine ganz kleine, sondern große wählen) etc.	Spirulina Chlorella Seealgenmehl Aloe Vera Propolis Honig **Kräuter** Gartenkresse Basilikum Kerbel Himbeerblätter Brombeerblätter etc.

B.A.R.F.-Spickzettel – Empfehlung ab 5./6. Lebensmonat: Das kann *zusätzlich* gefüttert werden

Ausführliche Produkterläuterungen ab Seite 37.

Obst (püriert und nur sehr reif!)	**Gemüse** (püriert)	**Getreide (bei Bedarf) und Sonstiges**	**Fleischige Knochen** (ggf. gewolft oder gehackt)	**Gesunde Öle/ Fette**	**Gesunde Zusätze (bei Bedarf)**
Heidelbeeren Johannisbeeren (rot und schwarz) Kirschen Kiwis Mandarinen Orangen Pfirsiche Pflaumen Mirabellen Ananas (selten)	Bohnen (grün, gekocht) Brokkoli Grünkohl (blanchiert) Kohlrabi Kürbis Rosenkohl (blanchiert) Rotkohl – in kleinsten Mengen Weißkohl – in kleinsten Mengen Sauerkraut Sellerie Spinat (blanchiert) Mangold (blanchiert) Wirsing	Weizenkleie Weizenkeime Kürbiskerne Probiotika (bei Bedarf)	Kaninchenköpfe Kehlköpfe Kniegelenke Lammrippen Strosse Ochsenschwanz	Lebertran Lachsöl Leinöl Hanföl Nachtkerzenöl Olivenöl Rapsöl Walnussöl Butter	Knochenmehl Kalziumzitrat oder gemörste Eierschale (Adäquate Kalziumlieferanten, wenn **keine** Knochen gefüttert werden möchten oder können.)
					Kräuter
					Petersilie Minze

B.A.R.F.-Spickzettel für erwachsene Hunde

Obst (püriert und nur sehr reif!)	**Gemüse** (püriert)	**Getreide & Sonstiges**	**Fleisch, Fisch und Innereien** (gewolft)	**Fleischige Knochen/ Knorpel**	**Gesunde Zusätze**
Äpfel Bananen Aprikosen Birnen Brombeeren Erdbeeren Himbeeren Heidelbeeren Johannisbeeren (rot und schwarz) Kirschen Kiwis Mandarinen Orangen Pfirsiche Pflaumen Mirabellen	Karotten/Möhren Fenchel Chinakohl Zucchini Salat Rote Bete Rucola Salatgurke Blumenkohl Bohnen (grün, gekocht) Brokkoli Grünkohl (blanchiert) Kohlrabi Kürbis Mais Rosenkohl Weißkohl Sauerkraut Sellerie Spinat (blanchiert) Mangold (blanchiert) Wirsing	Reis, gekocht Milchreis, in Wasser gekocht Vorgequollene • Hirseflocken • Reisflocken • Haferflocken* • Dinkelflocken Hüttenkäse Quark (40 %) Ziegenquark Ziegenmilch Nudeln Nüsse Buttermilch Naturjoghurt Kartoffeln, gekocht Eigelb samt Schale Amaranth Braunhirsemehl Probiotika (bei Bedarf) Weizenkeime Weizenkleie **vorausgesetzt der Hund verträgt diese* ***nicht bei erhöhten Harnsäurewerten füttern, da sehr purinreich!* Kürbiskerne	Pferdefleisch Blättermagen Rindfleisch Herz Hühnchen Pute, Ente Kalbfleisch Schlundfleisch Maulfleisch Kopffleisch Grünen Pansen Lammfleisch Schaffleisch Ziegenfleisch Wild (Reh, Hirsch) Innereien (Leber, Lunge usw.) Hase/Kaninchen Makrelen Dorsch Forelle Thunfisch Lachs Seelachs Sprotten etc.	Hühnerflügel Hühnerhälse Hühnerrücken Putenhälse Kalbschwänze Kalbsbrustknochen 1/2 Kaninchen (nach Größe des Hundes) Kaninchenköpfe Kehlköpfe Strosse Pferderippen (je nach Größe des Hundes) Ochsenschwanz **Als Zahnbürste** Große Kalbsknochen Rinderknochen Pferdeknochen Gelenkköpfe etc. Kniegelenke Große Rindermarkknochen usw.	Acerola oder Hagebuttenpulver Perna Canaliculus Bierhefe Heilerde Spirulina Chlorella Seealgenmehl Aloe Vera Propolis Knochenmehl Kalziumzitrat Eierschalen Honig **Kräuter** Himbeerblätter Brombeerblätter Gartenkresse Basilikum Petersilie Kerbel Minze (selten, wenig) **Öle/Fette** Lebertran Lachsöl Leinöl Hanföl Nachtkerzenöl Olivenöl Rapsöl Walnussöl Butter

Imke Niewöhner

Auf ins Leben!
Grundschulplan für Welpen

Die ersten Wochen im neuen Zuhause sind entscheidend für die Entwicklung des Welpen. Spielerisch, gewaltfrei und ohne Zwang lernt Ihr Welpe jetzt schon vieles, das ihn zum angenehmen Familienmitglied macht.

Die Autorin nimmt Sie mit einem konkreten Acht-Wochen-Grundprogramm an die Hand: jeden Tag ein neuer, spannender »Stundenplan«. Ganz nebenbei erfahren Sie viel Interessantes über Hundeverhalten.

ISBN 978-3-942335-62-1 • 16,90 € • 24,50 CHF